目 录

汪口村（李玉祥 摄）

前言

台北龙虎文化基金会的朋友说：“只要你们做乡土建筑研究，我们就支持。”我们说：“只要你们支持，我们就做。”于是，在完成了龙虎文化基金会支持的诸葛村乡土建筑研究之后，我们又着手江西省婺源县乡土建筑的调查研究工作。这项工作从1993年春季开始，到1995年春季完成，历时两年。不过1993年下半年因故停顿，实际用了一年半时间。

我们为什么选择婺源作为我们的第四个研究题目，这事情有几句话要说。

我们想，乡土建筑研究，最理想的工作步骤是先有一个相当大范围的大致的普查。既然是普查，一要有人有单位参加，二要有通盘的计划。要做到这两点，一是要有钱，二是要有一个正式的协调机构。然而我们什么都没有。

没有普查，靠我们几个人自己跑，人单力薄，选题就相当难，不免带点盲目性。

照我们理想的研究目标和方法来说，我们对选题要求比较苛刻。至少应该是一个保存得相当完整的聚落，一个生活圈。它在一个建筑文化圈里有很高的典型性，有家谱、方志可供参考。最好这个建筑文化圈在一个有特殊历史文化的地区里，这样，它的个性可能鲜明一些。

在到婺源之前，我们做过三个课题。一个是楠溪江中游村落，一个是新叶村，一个是诸葛村，都在浙江省。楠溪江中游的村子，一派淳朴的田园风光，村子和房舍，都是明朗而平和的。原木蛮石，天然与山水亲和。新叶村是一个封闭的宗法制的农业村落，但发育得很充分。诸葛村则是一个农业地区的商业中心，村落和建筑表现出从血缘的农业村落向地缘的商业村落转化的初期历史。我们在研究和写作的时候，突出了它们各自的特色。写完了诸葛村，下一个课题有可能选什么样的呢？到新疆去，到云南去，到四川去，那是很诱人的，但那对我们有太多的困难。

恰好那几天到皖南跑了一趟。我们并不喜欢那些近几十年来远近闻名的村子，它们的建筑商业气很浓，过于封闭又过于雕琢。它们所反映的那种生活方式，很使我们感到压抑。但我们不得不承认，它们有不少地方是很精致的，也有比较丰富的独特的文化内涵。我们选题，主要的根据是它的学术价值，而不是我们的口味爱憎。因此，我们想，徽州乡土建筑不失为一个好的题材。但是，徽州建筑近年来被议论得太多了，写得太多了，看得太多了。我们不大愿意把时间精力花在这种人人熟知的地方。既然大家已经知道了，即使我们的工作方法与别人的不大一样，也不必再去凑热闹了。正好一位朋友向我们介绍了婺源。它本来是徽州的属邑，在徽州的文化圈内，村落的保存情况还好，却没有多少人去认真做过调查研究。于是，我们决定到婺源去。

婺源虽然长久是徽属六邑之一，于成立县治之前，早在新安郡境内，但因为古为楚地，其他五邑为吴地，并且婺源和祁门归鄱阳湖水系，其他四邑归新安江水系，所以，婺源的文化和建筑与其他诸邑大同而又有明显的小异。它是徽州建筑文化圈内的一个亚文化圈。

婺源的村落，更多了点儿田园风光。虽然免不了浓重的商贾气息，毕竟比黟县、歙县的要淡一些，连二里多长的商业街也带着乡土味。因此，我们在婺源心情比在皖南觉得轻松。

乡土建筑是在当时当地的文化环境中发育起来的。我们在楠溪江和新叶村工作的时候，分析了雅言文化和民俗文化对乡土建筑的影响。

延村内小巷

到了诸葛村，我们注意到了一个新的文化成分——市井文化对乡土建筑的影响。婺源既是徽商的家乡之一，又是朱熹的家乡，所以雅言文化和市井文化的力量都比较强。但市井文化与雅言文化在一些方面是有冲突的，明晚期和有清一代是徽商最发达的时期，包括婺源在内的徽州六邑，雅言文化有所衰退，只更突出了程朱理学严酷的礼教。传统的“四民之辨”遭到激烈的挑战。市民文化也渗透到民俗文化中去，一方面带动了某些民俗文化与商业结合并有所发展，另一方面给它们以新的内容，包括题材和思想。我们努力从这样的文化背景中去认识婺源的乡土建筑。

晓起村（李玉祥 摄）

可是我们的努力遇到很大的困难。婺源近几十年来属江西省，在“文化大革命”中，江西是重灾区，极左之风异常惨烈，以致除住宅之外，几乎所有公共性质的建筑都被破坏无遗了。同样遭到毁灭的是本来村村都有的家谱。又加上贫穷落后，有些家祠整座当旧木料卖掉，有些精美绝伦的槅扇也被外来的“福建佬”和“鄱阳客”买走。我们基本上看不到完整的聚落了，整洁的住宅也很少。近年一些拍电影电视的人，作风不好，严重骚扰乡民而不付报酬，甚至顺手牵羊把作为道具的旧瓷器、旧细木器等民间工艺精品席卷而去，以致有些乡民对我们也怀着戒心，不肯亲近，不太合作，有时候甚至恶言相向。这和我们在浙江农村受到的亲切而热情的接待大不相同，在那里我们和乡民们建立了很好的友谊。因此我们在婺源的调查研究不容易系统而深入。

但婺源的工作也有有利的一面。这里由于贫穷落后，村里造新房子的极少，虽然公共性建筑没有了，村子的大格局都还是老样子。我们细心一点，还能清晰地想象出村落居住部分的原状。而且这里作为“程朱理学之乡”，历史文化特色很鲜明。

就在这样的条件下，我们着手写作。

怎么写？这又是一个问题。以前写的三部书，《浙江省新叶村乡土建筑》《楠溪江中游乡土建筑》和《诸葛村乡土建筑》，我们都根据对象的特点用不同的写法。这次婺源乡土建筑，本来也可以像《楠溪江中游乡土建筑》那样写。但由于公共建筑的消失，由于没有了家谱，我们在婺源的调研不如在楠溪江那样细致全面。所以我们只好采用写实录的方式，选择了十几个村落，一个一个地写。写它的过去，也写它的现在；写它还存在的，也写它失去了的。偶尔也揭一两块不太痛的伤疤，太痛的就捂住算了。这种写法不大容易达到楠溪江中游村落那种写法的学术深度，但是它描绘出来的聚落图景一个一个的，更完整，更鲜活，更原始，更有行动性，或许有些朋友会喜欢这种写法。不过，它也会使内容有点重复，篇幅大了一点。

我们觉得，学术工作就是探索，也包括“怎样写”在内。希望下一个课题我们还能设计出一种新的写法来，也就是一种新的观察角度和尺度。

我们到婺源去了四次，每次人员都有一些变化。但我们的写法却把四次工作基本上压缩在一个春天里，由一个人的眼睛来观察。所以，严格地说，并非真正的实录。不过所见所闻都是真实可靠的。我们没有写西乡的许村和游山村，因为工作做得不够。但游山村实在是很美的。那条穿村而过的河，两岸密排着亭栏，尽头还有一座桥亭，在婺源独一无二。我们也没有写到色彩斑斓的深秋景色，这些都是很遗憾的。

经济、文化背景与建筑

婺源县现在位于江西省的东北部，北界安徽，东邻浙江，是个“鸡鸣三省醒”的地方。不过，半个多世纪之前，它长期是徽州六邑之一，与歙县、黟县、绩溪、祁门、休宁同属一个徽州文化圈。

婺源辖地大部分原在休宁境内，小部分原属江西乐平，唐开元二十四年（736）地方不靖，应缙绅之请于二十八年（740）设县，隶于歙州。县治初在今清华镇，后因军人跋扈，移治至弦高镇（今紫阳镇）。县境应婺女星分野，所以水称婺水，县称婺源。

由于一千多年来同为一个行政区划，所以婺源和徽属其余五邑一起，共同创造了光辉的徽州文化[①]，也一起以“徽商”的名义，参与了明末之后中国商业资本的大发展。

不过，由于地理条件的不同，婺源的历史和文化与其他五邑也有一些差别。在婺源东北方，与休宁、祁门之间，有大鄣山和浙岭。春秋时，它们是吴、楚两国的疆界。其余五邑为吴地，婺源为楚地。宋人权邦彦[②]过浙岭有诗：“巍峨俯吴中，盘结亘楚尾。”岭脊至今尚存高1.7米的石碑一座，刻阴文隶书“吴楚分源”，是康熙年间立的。

这两道山是重要的分水岭，婺源和祁门县的水系归鄱阳湖入长江，

① 也称新安文化，因徽州在汉时属新安郡。歙州于宋宣和三年（1121）改称徽州。

② 权邦彦，字朝美，绍兴初召签书枢密院事，后任参知政事。

其余诸邑的由新安江下钱塘江。吴楚之分，年代久远，影响已经难觅。水系不同，所接触的外界便不同，尤其在商业资本发展过程中，影响比较显著。所以，婺源的文化，与其余诸邑相比，大同之中有小异。在建筑方面更如此。婺源是皖南（徽州）建筑文化圈中的一个亚文化圈。1934年，婺源县被划归江西省，系出于地理的考虑。

经济情况

徽州山多地少，耕不能自给，男子不得不外出“经营四方”。康熙《徽州府志》录明末汪伟[①]奏疏：

> 徽州介万山之中，地狭人稠，耕地三不赡一，即丰年亦仰食江楚。……天下之民寄命于农，徽民寄命于商。而商之通于徽者，取道有二，一从饶州鄱、浮，一从浙省杭、严，皆壤地相邻，溪流一线，小舟如叶，鱼贯尾衔，昼夜不息。

寄命于商的结果是到明代嘉靖以后，“徽商遍天下”，至有天下“无徽不成镇”之说。光绪《两淮盐法志·列传》统计：自嘉靖至乾隆，扬州客籍商人之著名者八十人，徽商占六十，其余山西、陕西各十人。《两浙盐法志》则称，明、清两代，浙江著名盐商三十五人，徽籍者二十八。

经营有成的，引亲荐友，徽州外出之人越来越多。明王世贞[②]《弇州山人四部稿》中《赠程君五十序》说：“徽俗十三在邑，十七在天下。”万历间歙人汪道昆[③]《太函集·皋成篇》也说，徽州“业贾者什

① 汪伟，休宁人，崇祯进士。擢检讨，充东宫讲官，上《江防绸缪疏》。李自成入京，自缢死。

② 王世贞，嘉靖进士，官刑部主事，累官刑部尚书，与李攀龙主文坛二十年。

③ 汪道昆，徽州人，嘉靖进士，累官兵部侍郎，与李攀龙、王世贞善。

七八”。

这些外出之人，有当帮工、店员、管账、代理的，一些长袖善舞的成了富商。万历间谢肇淛[①]《五杂俎》写道：“富室之称雄者，江南则推新安，江北则推山右。新安大贾，渔盐为业，藏镪有至百万者，更有积货达千万者。”“其余二三十万者则中贾耳。”明末清初人魏禧[②]也说：“徽州富甲江南。”

徽商经营，主要是盐业、典当、木材和茶叶。其中木、茶是乡土产品，长期稳定，成为徽州商人主要的经营项目。《古今图书集成·草木典》说：“大抵新安之木，松、杉为多，必栽始成材，民勤于栽植。”徽州木商，以婺源人为多，乾隆《婺源县志》说“婺源贾者率贩木”。早在南宋，建设临安宫殿和百官府邸园池，大多采用徽木。明代万历年间大内修坤宁、乾清二宫，婺源木商王元俊为御商，供应木材。天启修宫苑，崇祯造皇陵，木材也都靠徽商供应。茶业的历史也很悠久，陆羽《茶经》卷下所列茶叶产地即有宣州、歙州[③]。注云：歙州茶“生婺源山谷”。茶业很早就对徽州经济有很大影响。唐歙州司马张途《祁门县新修阊门溪记》里说：

> 邑之编籍民五千四百余户，其疆境亦不为小，山多而田少，水清而地沃。山宜植茗，高下无遗土，千里之内，业于茶者七八矣。由是给衣食，供赋役，悉恃此。（见《文苑英华》卷八百一十三）

婺源的绿茶专供出口，清初从广州出口，太平天国战争之后，改由上海出口。

在徽属六邑中，婺源的自然条件尤其困乏。虽产林木，而诛求无

① 谢肇淛，福州长乐人，万历进士，累迁工部郎中，终广西右布政。

② 魏禧，宁都人，明末弃诸生，康熙时举博学鸿词不就。

③ 歙州即后徽州，于宋更名。

极，终有尽时。嘉靖《婺源县志·序》说：

> 夫婺源之为县也，山硱而弗车，水激而弗舟，故其民往岁勤动，弗获宁宇，此一疚也。地陿而弗原，土薄而弗甽，厥人既纤仰给，邻境五岭，其东北八十四滩，其西南率二而致一，此又一疚也。田苦不足，并种于山，迟其效于数十年之后，虽十博犹约也。迩来诛材督檄交下，破斧缺斤，势不可极，其几童矣，此又一疚也。

又过了一百多年，到光绪县志中，不但枫香、松木“今绝少”，由于“贩木筏者皆取杉木于江右，而婺源多童。培植孔艰，戕害甚易，亦几无杉筏矣”。所以婺源木商多到云南、贵州、四川、湖南、浙西等地采伐贩运。木商虽富，婺源的乡土经济却失去了气血。

徽商对全国的经济发展起了良好的推动作用，却无力改变徽州不利的农业生产条件。不过，早期的工商业者，远远没有摆脱封建宗法制度，他们在族规和传统束缚之下，将眷属留在农村老家，把在外面积攒的钱财带回来，至无田地可买，就用来建造祠堂、庙宇、牌坊、文阁、住宅、园林、书院、学塾、道路、桥梁、路亭、义冢等等，甚至连官署、城池、文庙、学宫、试院、考棚等的修建也由他们捐资，以致徽州城市和农村建筑环境达到很高水平。但另一方面，却减弱了资本的积累增殖，阻滞了他们进一步的发展。因此，到清代晚期，更现代化的工商业资本在沿海兴起之后，徽商就没落了。

文化背景

两晋之前，徽州土著以山越人为主。“唐黄巢之乱，中原衣冠避地于此。后或去或留，俗益尚文雅。”（宋罗愿《新安志》）至今徽州还有不少村落是唐末避乱而来的人建立的。他们带来的中原雅言文化到宋代而大盛。那时先后出了大理学家程氏兄弟和朱熹。所以徽州一向以“程朱阙里”自许。朱熹祖居婺源城内，后称“文公阙里”，他父亲游宦福建时生熹，后来熹多次返乡扫墓和讲学，在婺源影响很大。《新安文献志》甚至说徽州人“非朱子之传不敢言，非朱子之家礼不敢行”。虽然十分夸张，但理教的严酷在徽州是显而易见的，而尤以婺源为最烈。明末天启《婺源县志·序》（桐城何如宠撰）说：

新安生聚之庶，财赋人物之盛，甲于天下，诸属邑之所同也。而婺独弦歌礼乐，有邹鲁风，君子食才，小人食力，读父书而明高曾之南亩，无迁异物焉。

康熙《婺源县志·序》（通判署县事蒋灿撰）也说：

婺于新安称名邑，……而又有紫阳夫子笃生其间，故其人往往淳朴温粹，蹈礼义而被诗书。

除了大理学家之外，徽州也多文化名人。其中婺源籍的就有宋朝的朱弁、胡伸、汪藻、程洵、王炎、滕璘，元朝的胡炳文，明朝的詹希源、汪鋐、潘潢、余懋衡、何震，清代则有江永、汪绂、齐彦槐等人。据《婺源风物录》统计，自宋至清，婺源有著作1275部刊刻行世，选入《四库全书》的有175部。

婺源的县学建立很早，宋仁宗庆历四年（1044）诏天下郡县建学，婺源县很快就建立了学宫，后来成为徽属六邑中最大的。婺源科名虽不及歙县和休宁，但在宋代仍有不小成就。

但是，明代晚期以后，虽然清代初年还出了江永、戴震这样著名的学者，徽州的雅言文化，总体上是江河日下了，就科名说，婺源在宋代有进士316人，明代113人，清代只有87人了。[1]康熙《婺源县志》知县张绶《序》说："顾同一儒雅也，科名阀阅昔则盛而今则衰，同一愿朴也，忠孝廉节昔则多而今则少。"同《志》蒋灿《序》慨叹婺源科名之衰：

> 曩者明中叶时，英贤鹊起，甲第蝉联，钟鼎旂常之伟伐，志乘不绝书。而今则世历二纪，春秋两闱，告隽者指才一二屈。名元鼎甲，皆发祥于寓公，此邦怀瑾握瑜之彦，率以牖下老，尚得有人文乎？

他对这现象的解释是百姓烧石灰坏了县城学宫龙脉：

> 余尝闻婺人言其县治学宫之龙，皆鼻祖于大鄣山，由水岩、石城、历角子尖再聚而后渡脉于重台石，至大小船槽二峡乃大发皇。……顾其石理缜密，可熔为灰，射利者争趋焉。地脉由此受创。

明令禁烧石灰，从明代晚期就开始了，但利之所在，杜绝实难，一直到清朝中叶，这场"保龙"之争还没有了结。风水迷信徒然扼杀经济的发展，而无补于雅言文化的衰退。

雅言文化衰落的真实原因恰恰在于徽商的繁荣。徽州的人口外流并且人才转向商业，学术和科名自然会失去过去的辉煌。顾炎武在《肇域志》中说徽州"贾人娶妇数月则外出，或数十年，至有父子邂逅不相识者"。徽州人一般在二十一二岁娶妻，明万历间次辅歙人许国（1527—1596）父亲是茶商，他在给母亲写的《行状》里说："先府君贾吴中，率三数年或八九年一归。归席未暖复出。"这种情况一直延续到清末。

---

① 据《江西省婺源县地名志》，1985年。又据朱保炯、许沛霖《明清进士名碑引》，明代徽州六邑有进士393名，占全国的1.55%，清代有226名，只占全国的0.86%。

近人胡适在《四十自述》中写得最明白：

> 我们徽州人通常是在十一二岁便到城市里去学生意，最初多半是在自家长辈或亲戚的店铺里当学徒。在历时三年的学徒期间，他们是没有薪金的。其后稍有报酬，直至学徒期满。至二十一二岁时，他们可以享有带薪婚假三个月，还乡结婚。婚假期满，他们又只身返回原来的店铺，继续经商。自此以后，他们每三年便有三个月的带薪假期，返乡探亲。所以徽州人有句土语，叫作“一世夫妻三年半”。

既然“十室九商，商必外出”，一是人才外流，二是人才转向商业，则徽州学术、科名的没落就不可避免了。

另一方面，就在学术、科名不景气的情况下，施于十一二岁之前的儿童的初级蒙学却大大发达起来，也就是文化大大地普及了。这是因为，经商比之农耕，需要更多的读、写、运算等能力和应对修养，徽商富有之后，回馈故里，除了修建学宫和少数书院之外，便是建立大量的社学、祠学、私塾等等，并且资助族中子弟读书。所以《休宁县志》里说，明清两朝，“自井邑、田野以至远山深谷，居民之处，莫不有学、有师、有书史之藏”。嘉靖《婺源县志》则说本邑“十户之村，不废诵读”。徽州六邑，在康熙年间共有社学462所，其中婺源有140所。此外当然还有大量的祠塾和私塾等等。初等教育的普及，推动了社会一般文化水平的提高。

明代晚期，由于商业资本的发展，在一些城镇，市井文化繁盛起来。徽商往来于这些城镇，熟悉市井文化，自然会把它带到故乡去。市井文化的一个重要特点是重新辩证“士农工商”的四民观，也就是为商人争社会地位。雍正四年九月二十七日上谕：“为士者乃四民之首，一方之望，凡属编氓皆尊之、奉之，以为读圣贤之书，列胶庠之选，其所言所行，俱可以为乡人法则也。”而徽州人则早已有自己的四民观。嘉靖进士汪尚宁，在为徽商汪远写的《像赞》里说：

> 古者四民不分，鱼盐中良粥师保存焉，贾何后于士哉？……故业儒服贾各随其矩，而事道亦相为通。人之自律其身，亦何艰于业哉？（见明隆庆刻本《休宁汪氏统宗谱》）

这位作者官至部察院右副都御史，竟如此直接地批判传统儒家的四民观。到清末，翰林许承尧著《歙事闲谭》，径直说："商居四民之末，徽俗殊不然。"可见新的四民观已经很普遍了。

市井文化的另一个特点是炫富。乾隆《婺源县志》知府何达善《序》中说到歙县、休宁的人文："歙休多巨贾，豪于财，好言礼文，以富相耀，虽多散处吴楚间而家于乡者半亦习奢尚气。"这种文化特点已经由徽商带回到故乡来了。

市井文化开拓了新的视野，改变了人们的价值观，在一些方面突破了理学的束缚。男女情爱、商贾辛劳、市民生活都进了他们的兴趣域，成了戏剧、版画、建筑装饰等的重要题材。

市井文化在徽州的主要代表是戏剧和雕版印刷。它们促进了市井文化向雅言文化渗透，也向民俗文化渗透，给它们以新的题材和思想。

市井文化的发展也改变了农村的风俗习惯。康熙丁未进士张英撰《恒产琐言》中说："天下惟山右新安人善于贸易，彼性至悭吝。"到清末许承尧著《歙事闲谭》则说："比者亦渐增饰矣！"

大批徽商眷属住在农村，过着寄生性的富裕而悠闲的生活，大大促进了民俗文化的繁荣。社火、灯会、狮子、拜月、酬神、傩舞傩戏等都很热闹，四季不断。与手工业经济相结合的则有木雕、石雕、砖雕、刻书、雕砚[①]、刻墨模、盆景等等，也都是为富裕人家服务的。

民俗文化中还有医卜星相。风水堪舆术在徽州很盛行，尤其是婺源县。《中国风水》一书里统计了明清时代的风水名家，共计二十六人，

---

① 婺源产龙尾砚，昔李后主所用者，宋时为名砚。

徽籍者十二人，而婺源占其九。[1]游朝宗、游克敬、江仕从三人还参加过明天寿山陵地的勘察，受到褒奖。堪舆风水对徽属各邑的聚落和建筑的一些方面很有影响。

学术、科名成绩下降，初级教育普及，民俗文化繁荣，市井文化兴起，这就是明清时期包括婺源在内的徽州文化的一般情况。

建筑

婺源，以及徽州其他各地，就在这样的经济、文化背景下建造了大量的村落，既有建筑，也有园林。

徽人因农耕不能自给，不得已外出经营。不论是稍有余蓄还是致富巨万，都会在宗族势力和传统习俗的约束下回馈故里，从事兴造。由于婺源的农村建设主要靠徽商的回馈，而徽商又主要出自农业不能自给的穷困山区，所以，婺源的北乡和东乡，山高谷深，而村落却很漂亮，西乡多平川，农业尚可活口，村落反倒逊色。

然而，稍加考察，可见从明晚期到清晚期，三百年上下的徽州乡土建设史，是一部徽州人民不屈不挠、顽强与命运抗争的悲壮的史诗。

嘉靖进士汪道昆《太函集》中《阜成篇》说“新安多世家强宗，其居室大抵务壮丽”，又说：“春秋肸飨之典所在多有，而吾郡为盛郡……其中若寝、若祠、若庙者无虑数十百千。”到了明清易代之际，遭到一次大破坏。光绪《婺源县志·建置志》引康熙《县志》中张绶所写的《跋》说：“婺邑草创于开元，历宋元明而规模大备，鼎革之初，半遭焚毁。修葺未毕，闽变又复见告。故今之公署、城垣、泮宫、营垒往往多创建也。”[2]数十年之后，徽州从废墟中重建。同治《建置志》又引康熙邑志蒋灿文：“今民家作室，犹必高其垣墉，敞其堂室，邃其房闼，易

① 高友谦著：《中国风水》，中国华侨出版公司，1992年。

② 道光《徽州府志》：“康熙甲寅，闽贼于八月二十日陷城，乐平贼亦附之。势猖獗，婺源诸乡皆遭蹂躏。”闽贼即三藩之一耿精忠部。

其道路。其他宾祭之所，讲习之堂，水旱潴泄之具，莫不次第备兴。”不料这一次重建到太平军战争时又一次遭到更加酷烈的破坏。婺源是太平军战争最长期反复的地区之一。从咸丰五年（1855）太平军犯婺源，到同治元年（1862）左宗棠入婺源，其间“焚民居三十余家”“焚杀甚众”“焚县治及民居数百家”“民居焚毁殆尽”之类的记载，在县志中连篇累牍。曾国藩上同治奏折说：“徽、池、宁国等属，黄茅白骨，或竟日不逢一人。”（《奏稿》卷二十一）“皖南及江南各属，市人肉以相食，或数十里野无耕种，村无炊烟。”（《奏稿》卷二十四）这里当然有为邀功而夸大的成分，但太平军侍王李世贤在同治二年（1863）一封致部下信中也说到了“众兄弟杀人放火”的事实。（见《太平天国译丛》，33—34页）另一方面，官军的焚掠杀戮甚至更加残酷。战争亲历者李圭在《思痛记》中说：“官军败贼及克服所据城池后，其烧杀劫夺之惨，实较贼为尤甚，此不可不知也。”又说：“至官军一面，则溃败后之掳掠，或战胜之焚杀，尤属耳不忍闻，目不忍睹，其惨毒实较贼又有过之无不及。”道光五年（1825），祁门人口470279，到同治十年（1871）只有100249，降低79%之多。黟县人口，嘉庆十五年（1810）为246478，同治六年（1867）为155455，降低37%。歙县人口，道光年间为617111，同治年间为309604，降低50%。绩溪，嘉庆九年（1804）为193161，宣统二年（1910）为93037，降低52%。[①]婺源情况必大致如此。

经过这样惨重的破坏，到了清末，翰林许承尧著《歙事闲谭》里写道：徽州“乡村如星列棋布，凡五里十里，遥望粉墙矗矗，鸳瓦鳞鳞，棹楔峥嵘，鸱吻耸拔，宛如城廓，殊足观也”。徽州人又一次从废墟中重建了家乡。

虽然徽州地理偏僻，风俗近古，但屡经变故，明代遗构已经寥寥无几，很足惋惜。然而，到清代末年，乡土建设的光辉成就，则是徽州人民旺盛的生命力、坚毅的意志力的纪念碑，能使人肃然感奋不已。

① 据程成贵：《清代祁门人口大起大落原因探析》，载《徽州社会科学》，1992年1月号。《婺源县志》无乾隆以后人口数。

洪村溪边住宅（李玉祥 摄）

乡土建筑的几毁几兴，都靠乡人自力，徽商捐输。康熙《徽州府志》总纂、休宁人赵吉士[①]在府志《尚义》门前题记中说：

> 吾乡之人，俭而好礼，吝啬而负气。其丰厚之夫，家资累万，尝垂老不御绢帛，敝衣结鹑。出门千里，履草屩、襆被自携焉。……然急公趋义，或输边储，或建官廨，或筑城隍，或赈饥恤难，或学田、道路、山桥、水堰之属，且输金千万而不惜。甚至赤贫之士，黾勉积蓄十数年而一旦倾橐为之。

县志、府志里，上自县署、学宫、城墙，下至茶亭、板桥，莫不由商而致富的或农而有志的出资出力修建。有一些事迹非常动人。

可惜，徽商虽然有力兴建一些房屋，却无力改变徽州不利于农业的自然条件。因此，在徽州出现了一个奇异的对比，正如康熙《婺源县志》张绶的《序》所说："其土田瘠硗而迫隘，其都聚稠密而整齐。"所以，在小农经济还占主导地位的时代，一旦商业受挫，这些乡土建设不但难以为继，连维修已有的房屋都不可能做到，村子就难免败落。徽州的村落，几兴几蹶，到20世纪中叶，一场激烈的社会动荡，终于结束了私营商业的历史。徽商故乡的农村失去了外来的经济支援，一落千丈。同时，一向管理着血缘村落公众事务的宗族组织被粉碎。数百年来处于下层的"伙计""客户"，一向靠租佃和为富户服务为生的"佃仆"，翻身掌握了政权。新的当权者缺少必要的文化素养，对原来的村落建设既不理解，也没有感情，甚至会有点憎恶。因此，村落的公共设施和公共建筑遭到破坏，传统的有关维护村落的卫生、整齐、完整的制度也被废除。等到"文化大革命"一发动，这种破坏就空前酷烈，以致我们现在所见的婺源村落，都不过是劫后残余。

婺源的村落和房屋，和其他地区相仿，模式化的程度很高。

---

① 赵吉士，顺治举人。康熙间知交城县，迁国子监丞，卒于官，有文集及《寄园寄所寄》。

豸峰村住宅（李玉祥 摄）

村落的建设和管理大多由宗族组织协调。

水是生命之源，村落选址，都在溪边。为用水方便，房屋沿溪，村落多条形。小村在溪的一侧，大村在发展后期有跨溪两岸的。①山村近溪流源头，溪水冲刷力不大，故选址不拘“腰带水”或“反弓水”，且以反弓水为多，小村临水前沿景观有很明显的内聚性，展开舒缓。大村大镇多临大溪，冲刷力大，故多选“腰带水”地形。

风水，要求村址有祖山（后龙山）和案山、朝山（向山）。山形须宜于族姓。宗族爱护祖山和朝山，保树木茂盛如盖。

凡水陆交通枢纽必有镇，为商业中心，有商业街，平行于溪流，两侧设店铺作坊。其余村落在自然经济条件下均无商业，偶有货郎担活动。

沿溪道路大多兼为过境路，比较宽阔。进住宅区的小巷大体与沿溪路垂直。因地势渐高，巷中多有台阶。后山坡的水和家庭废水，沿巷

① 乡谚：“江西老表，下河洗澡。”

浙源村（李玉祥 摄）

侧水沟下泄，过沿溪路后排入溪流。因住宅均为内向的天井式，外包高墙，所以外墙连接不断，小巷如二墙间夹缝，十分封闭。村落仿佛由小巷组成，小巷决定了村落内部的景观。以地形变化导致曲折和墙头跳宕，巷内景观得以略破单调。

条形村落，各家距溪较近，村中一般无水塘。村之大者于距溪较远处有井。井是公有的，定期清淤。

村子以大致朝南者为多，为山水所逼，也有朝东、朝北的，并不拘泥。

村子多为血缘聚落，清初人赵吉士在《寄园寄所寄》中说："新安各姓，聚族而居，绝无杂姓掺入者，其风最为近古。"宗族的凝聚中心是总祠，婺源村村有总祠，大多位于村头，少数在村尾或其他位置。其下又有分祠，但正如赵吉士所说"千丁之族未尝散处"，所以比之其他地区，如浙江，分祠数量较少。祠堂拥有数量很大的祠产，包括祭田、

游山村拱桥（李玉祥 摄）

义田、学田等，这些公产不许卖出，所以越积越多。宗族就用这笔财富建造祠堂，小村的祠堂因此也很壮丽。祠堂的形制大抵是包括门屋、享堂、寝室三部分，三或五开间。门屋华丽，或为雕砖门楼，或为木构五凤楼，重峦叠斗，全不顾定制。享堂供祭祀，前檐敞开。寝室大多为重楼，安妥祖先神位。前后两庭，左右均有廊庑。祠堂饰木、砖、石"三雕"，为全村最壮观的建筑物。

祠堂大多无戏台。戏台多单独建于村中。

总祠一侧有义塾。宗族重视教育，一为科举，二为经商必需，三为"使人晓然人道之归"。故"凡学皆有田以为养"，供塾师，供学生膏火，也供应考。除祠下义塾外，又有私塾、学馆。书塾处于住宅区中，形制也与住宅无异。少数村子甚至有书院。《徽州书院志》说："安徽之书院……以地域分配言，则首推徽州六邑较为发达。"明代徽州有书院54所。书院之大者形制稍近于宗祠、庙宇。学塾及书院依靠富裕人家资助，首在兴造房舍，继之置义田，以田租供长远的维护修葺所需，并充塾师、学生的各项费用。

徽商不重科名，但也不废科名，故各村多有文昌阁、文笔、文峰塔。位置视风水而定，多在水口。主婺源全县文运的风水塔为丁峰塔，在县治紫阳镇西南十里，旧二十五都的寅坑村西，婺江南岸。

礼制建筑和崇祀建筑都很完备。婺源古属楚地，所以赵吉士在《徽州府志・祀典》前说，"顾俗多尚鬼，史巫纷若"，淫祠极多，"祠宇之可废者盖十八九也"。这些淫祠大多在村头、村尾和水口。淫祠是世俗的、现实的，多服务于乡民生活中的功利目的，如求子息、疗疾、保境安民，等等。真正的佛寺和道观不多，少量造在村外风景秀丽的地方。乡民视佛寺道观等同于淫祠，也要求它们"有求必应"。

旌表性建筑所在多有，如牌坊、桅杆、忠烈祠、节孝祠、乡贤祠、去思碑、旌善亭等。大多邻近祠堂或在水口。

至于桥、亭之类，无处不有。早在南宋袁采[①]所著《袁氏世范》中，就倡导"造桥修路宜助财力"。"乡人有纠率钱物，以造桥修路及打造渡航者，宜随力助之，不可谓舍财不见获福而不为。"徽州多行贾，所以徽商回馈乡里，以建亭、造桥、修路为最多。亭中施义茶及药饵，亦有供草鞋及灶火者。所谓将心比心，互相体贴照应。资助之法，如学塾、桥梁、茶亭等，兴造之后，并置义田，以田租供长年之用。偶有不设义田而由初创者子孙代代供应。

凡村必有水口。水口是村子自然领域的门，一般在距村一二里而有关锁形势的地方。堪舆家极重水口，把它比作住宅的大门，关乎村落宗族的兴衰。唐卜应天《雪心赋》云："大约神坛佛庙，宜居水口镇塞地户，以关锁内气为妙也。"水口建筑群在全村最为壮丽。水口建筑群常有桥、亭、庙宇、文昌阁、牌坊、水碓和灯杆等，是全村最重要的部分，也是最富有公共性的部分。康熙《徽州府志・祀典》说："新安祠庙最多，各村水口未有无琳宫梵宇者。"

① 袁采，宋淳熙五年（1178）居婺源琴堂，著《袁氏世范》。

婺源住宅，最多见者为三楼三底加一后披，无院落、天井，极其简单。装饰仅有门窗上面的彩画。

稍见富裕的村落，则多中型天井式住宅。主体或为“前后堂”式，即三间正房加前后厢，有前后天井；或为“四合头”，也有四合头加后天井的。此类住宅必另有附属用房，称后院，面积常不小于前后堂或四合头的主体。偶见大宅，实为附属部分较多，而真正大型者未见。[①]徽民十之八九为商，商必冲龄外出，数十年不归，则中型住宅应是最实惠、最适当的。某些风水术数也起了些作用，如《黄帝宅经》说，住宅忌“五虚”，其中之一便是“宅大人少”。又说：“舍居就广，未必有欢，计口营造，必得寿考。”说的都是住宅规模要合乎人口多寡，不可大而无当。徽商家属都不事农耕，亦少雇工，田地多佃出，所以此类住宅形制与农事活动无关。为适应长期外出徽商的家庭的特殊生活情况，这些住宅极为封闭，外防盗贼如堡垒，内禁妇女如樊笼。

住宅重装饰。除正门的砖雕外，装饰多在内部，槅扇的木雕，少量石雕，均极纤丽。堂屋骑门梁也多雕刻。装饰之重，既为商人市井文化特色，也因吴楚历史传统如此。建筑的雕饰、题材和构图等深深受到徽剧和雕版印刷的影响。徽州建筑艺术繁荣的时候，也正是戏剧和雕版印刷最盛之时。雕饰是市井文化渗入建筑的重要渠道。

住宅内向封闭，内部纤丽，外部简单，四面都是板实的高墙，只偶有小气窗如孔。只有马头山墙，参差跌宕，丰富天际线。就住宅的个体看，它们几乎千篇一律，但由于地形地势的变化，马头山墙造成了村落整体活泼多变的轮廓跳动。而单体建筑的高度模式化，又保证了风格的统一。

绝大多数村子没有商店，少数村子不但有商店、作坊，甚至有热闹的商业街，长达二三里。这类村子多位于交通枢纽，如两水合流处，如

① 徽商在外地，如扬州，兴造了一些大型住宅和园林。可参见《儒林外史》二十二回，盐商万雪斋宅。扬州徽商曾数度接待过南巡的乾隆皇帝。嘉庆时查抄和珅家产，有“徽式新屋一所，七进，共六百二十间”。

晓起村旁小溪（李玉祥 摄）

船行尽处，或道路与溪流交叉处，等等。

人口外流，人才转向商业，农业经济停滞不前，导致婺源农村文化的创造力衰退，所以村落的结构布局以及它的各类建筑物的模式化程度很高。数百年间没有什么进步。同时，由于市井文化的发展，又使各类建筑物趋向雕饰繁缛。这是婺源乡土建筑的触目矛盾之一。

婺源乡土建筑的另一个矛盾是商人们的精美的中型住宅与“伙计”“佃客”的草棚之间的对立。不过，20世纪中叶，伙计和佃客搬进了住宅，草棚已经没有。当今村落的景观已看不出当年的社会结构，它不能全面、正确地叙述当年的历史了。但这精美的商人住宅无疑是婺源村落的主体，代表着婺源的文化成就和婺源人顽强地建设家乡的努力。

清初顾炎武在《肇域志·徽州》里写道，徽州人“短褐至骭，芒鞋跣足，以一伞自携，而吝舆马之费”，一步一步走出贫瘠的山村，或取科名，或为商贾，辛苦攒蓄，终于把家乡建设得文化普及，栋宇修洁。乡土建筑，乡土建筑，这里面蕴藏着多少故事，多少浓如血浆的感情！

村落访查

延村

清明节前的星期天，下大雨，我们到思口乡的延村去。选择延村作为在婺源县访问的第一个村子，是因为去年我们有七位学生在那里工作过十几天。

国营公共汽车班次很少，个体户的车子比较多，是用拖拉机改装的，三轮车或者四轮车，能坐十个人左右。早晨，我们在南门车站挤上了一辆四轮的。同车的七八个人是一家子，簇拥着一位从上海回来的老先生，也到延村去。老先生五十多年前到上海做木材生意，在那里落了户，这是第一次返乡。他很健谈，对在上海的生活十分自豪，对婺源的闭塞落后不断地摇头叹气。我们想，几百年来，徽商离乡背井，外出谋生，稍有积蓄，回家买田造屋，当时大约也是这样的心情。有进取精神、有开拓能力的人，一代一代地出去了，即使带回来大量白花花的银子，也难以补偿人才的流失。难怪明代晚期之后，婺源在科甲上便不再有骄人的成就。这跟有人在县境“龙脉”上取石烧灰毫不相干，相反，为保护“龙脉”而严禁烧灰，倒是扼杀了地方的小工业和商业。徽商推动了全国经济的发展，却把故乡遗弃在封建小农经济的沟壑里。

车子发出挣命的吼声，艰难地前进，不时在泥水坑里跳起来，把我们抛向车顶。折腾了将近一个小时，我们在山坡上下车，到了。走了不过20公里。

向南望去，脚下不远展开一座零零落落的村子，几十幢房屋，粉墙早已灰黑肮脏，在大雨中更显得阴暗。一片一片的油菜地，被雨水打得几乎褪尽了金黄。只有耙平了等待插秧的水田，闪着亮光，反照对面深绿的山峦，我们不禁低吟出两句诗："暗绿不遮春去路，乱红翻作雨来天。"这是婺源诗人张顺之写的《送春》中的两句。[①]

延村在县城以北，位于山谷平川里，南北两面不远就是山，山在村东互相逼近，挤成斜向东北的峡谷。村西是平展展的水田，一直铺开到里把路外的思溪村，再向西延伸。乡民爱指着这片沃田夸"九里稻香"。一条十几米宽的溪水经思溪流来，贴村子南缘向东北冲进峡谷，水流很急，翻着白花，据说从前产木材的时候，木排从这条溪漂向思口，再经县城而下鄱阳湖，直达长江。

思口过来的青石板大道逆溪西南行，进峡谷，到了延村的水口。按风水术，水口都选在两岸有山"关锁"的地方。这两岸的山，一律被称为象山和狮山，水口就叫"狮象把门"。峡谷最狭处，溪流向西急转弯，大道防险，临水造了一带栏杆，叫"九曲石栏"。光绪《婺源县志·人物·义行》记乾隆时人金荷："贡生，村口桥路坍坏，行旅多艰，荷独力修造，护以石栏，费千金不惜。又捐资倡建祖祠。"可见这石栏至迟建于乾隆年间。转过溪弯，路边傍水长着十几棵高大的枫树，这景点就叫"枫林春晓"。再转向南，荒地里孤零零立着个石门框，是当初红庙仅存的残迹。庙前本来还有两座石牌坊和一座文昌阁，也跟庙宇一样，没有痕迹了，只留下"古寺舒霞""双坊挺立"和"文院书声"三个景点的名字。[②]

光绪《婺源县志·人物·义行》载康熙时人金之鼎："购古寺为义

---

① 见康熙《徽州府志》卷十八，《拾遗》。

② 见光绪《婺源县志》，乾嘉间邑庠生金鸿熙，"母洪氏节孝坊落成，有以演剧劝，熙勿从，购米五百石，散给相邻"。这两座水口石坊中或者有一座是洪氏的。

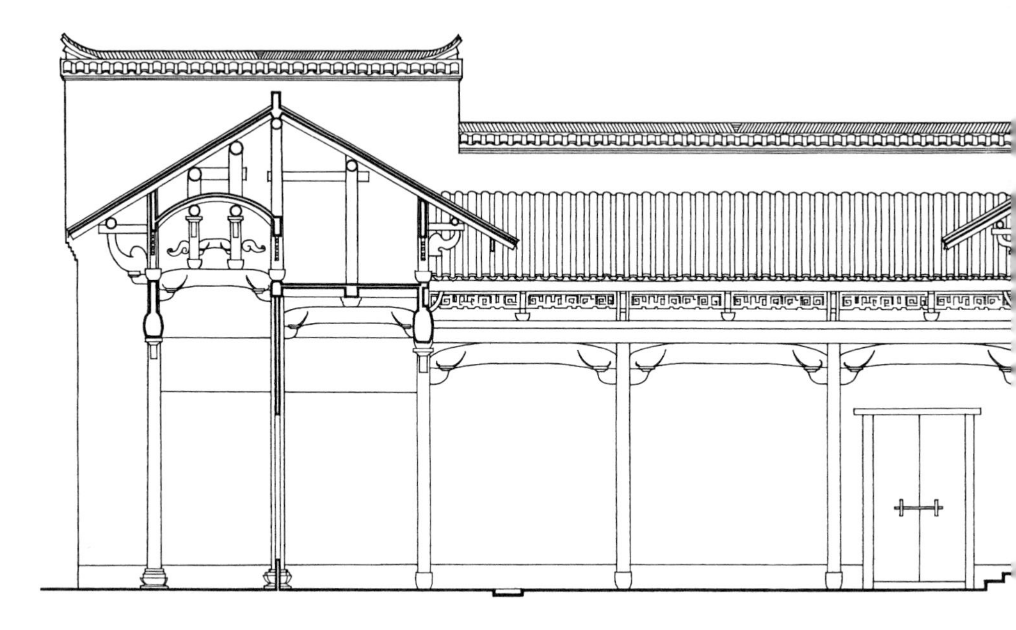

延村金氏崇本堂纵剖面

家，倡造思口渡船，立通济桥会，重新延川关帝庙，输奉祀费，构亭煮茗于茶埠、泽鹅诸地。”按照常例，关帝庙应该建在水口，当也在这个建筑群里。

水口是村落和它周围领域的入口，相当于住宅的大门。风水术重视村落的水口，就像重视住宅的大门一样。大门要严谨而有装饰，水口也要关锁而有装饰。关锁是为了“藏风聚气”，装饰靠庙宇、牌楼、文昌阁之类。它们既可加强关锁，也可炫耀富有和家族的光荣。延村号称婺源“北门外第一村”，它巧妙利用山形水势，从几里外就布置了多层次的水口建筑群，展现了村落的伦理教化和耕读理想。近几十年的社会大动荡中，尤其在1966年至1976年的“文化大革命”中，由于政治意识形态的原因，安徽和江西两省的庙宇几乎摧毁无余，牌坊十不遗一，曾经辉煌地装点过山川大地的水口建筑群，一个也没有剩下。

转过水口，村落就在望了。青石板大道穿过延村向西直奔思溪，再

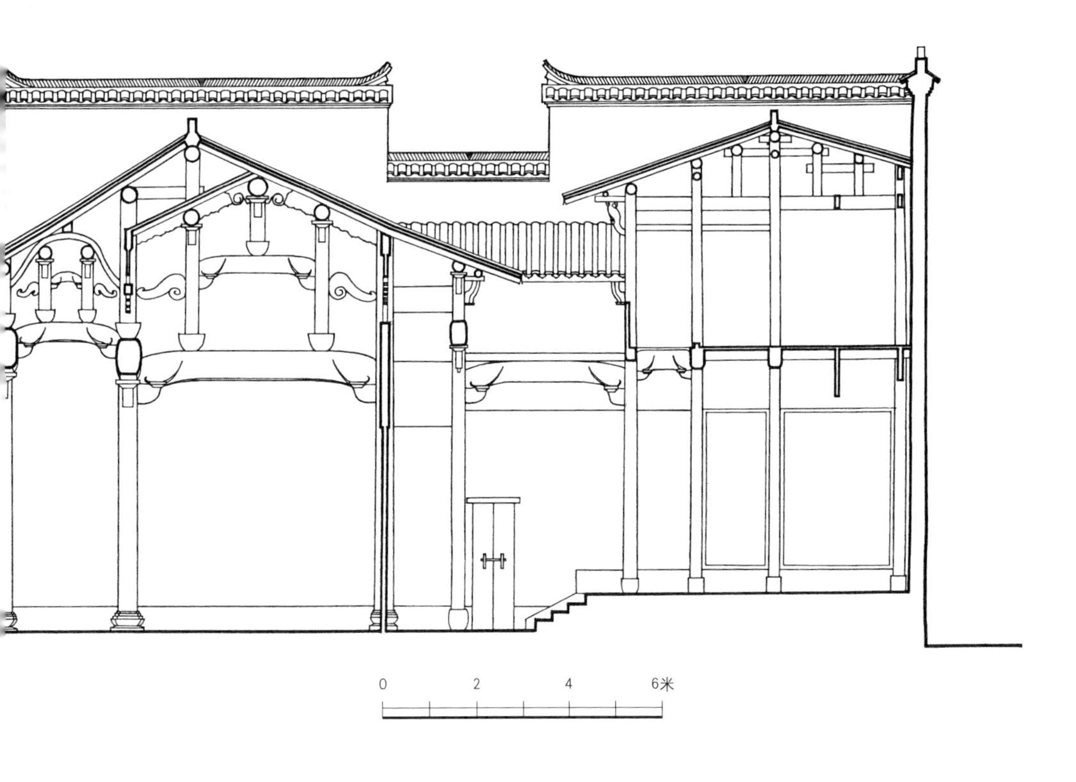

远走景德镇。延村的东口有两座金姓祠堂，一座朝东，近年已被拆卖，一座是总祠，朝南，倒还在。金姓总祠之前造一座路亭。穿村的路上，间隔挂三盏长明灯。这叫作“三灯高照夜行客，一亭方便往来人”。离家远行的商客，在亭子里休息一会儿，喝一杯解暑的凉茶，再抖擞精神赶路。走出村子，恋恋回头，苍茫暮色中，灯光已经亮了，乡土情谊滋润着人心。

大道在总祠之西分一岔南下，快到溪边向西一拐，成了全村第二条东西街。有三条南北街连接着两条东西街。这就是延村的结构脉络。靠西的一条南北街搭桥过溪，直通婺源县城。如今桥坍了，溪南的路也废掉了，只有山河永存，这里留下两个景点，一个叫“水潭印月”，一个叫“笔架耸翠”。笔架山在南岸，紧贴溪流。从风水术看，笔架山是村子的朝山，它传达出耕读文化的心迹。

延村是金、查、吴、程、吕五姓的聚落，金姓占百分之七十，称为

“柱姓”，就是主姓的意思。其他叫“小姓”。四个小姓早在北宋初年就到这里建村了，金姓来得最迟。据村长说，明代初年金姓远祖从南京辗转到休宁，再迁婺源东北乡的沱川，后来遭到沱川余氏大族的排挤，不得已迁居延村，当时叫延川。村中那条靠西的南北街两侧，还有最初迁来的金姓“老四家”的旧居。

金姓有四座祠堂：崇本堂、敬爱堂、上大夫第、下大夫第。吴、吕二姓各有一祠。现在全村只剩金姓总祠崇本堂，就是村东口朝南的那一座，已经残败不堪。昔日俎豆馨香之地，而今拴着牛，一地的污秽。下大夫第在崇本堂之东，前些年卖给景德镇，拆迁到那里去了。本来崇本堂也要卖掉的，赶上县里把延村定为文物保护单位，不许卖了。1993年，村民写了一份要求拆卖的申请书，盖了七十二个手印，红彤彤的一大片，政府没有批准。面对着一批又一批来收购精美的建筑木雕和民俗日用工艺品的“福建佬”，村民们因为不能拆卖祖庙，牢骚满腹。他们丝毫没有兴趣去修缮和清洁这座祖庙。保护文物建筑，如果不能给村民带来实际的利益，恐怕是不大容易实行的。

据村长说，清初延村盛时，有三百六十多户，一百零三幢住宅，粉墙连绵不绝。现在只剩下一百一十户，五十七幢住宅。[①]村里有一半是遗址，成了菜园。拨开菜叶，常常可以见到大青石条垒成的整齐的墙基和一些雕成莲花瓣的青石柱础。景象虽然凄凉，却使村子有了喘一口气的空隙，不像别的村子那么封闭沉闷。

在把延村定为文物保护单位时，有关部门鉴定，现存住宅有两幢是明代的，其余都是清代的。

雨下得太大，我们赶紧从公路下坡进了村。延村仿佛没有边界，参参差差的房屋直接挨着水田，从四面八方都能进出村落。

虽然田里不见有人劳作，村里人也很少，我们还是老办法，挨家挨户推门进去，不管有人没有。看了一多半，这几十幢住宅很使我们吃

① 1985年《婺源县地名志》载，村有116户，500人。

惊，它们的基本形制竟完全一样，连面积也差不多。

住宅包括三部分。主体叫堂屋，三开间正房，左右各添一条夹弄，其中之一是楼梯间。前后都有左右厢房一间，前后厢房之间夹着极小的一个天井。正房明间的前后檐都敞开，正中设太师壁，壁前叫前堂，壁后叫后堂。太师壁两侧向后退大约一米，正面、侧面各开一道门。老年代里，平日只开侧向的门，以防从前堂看到后堂。那时候前堂是礼仪中心，有时接待外客；后堂供日常起居、读书，女眷常在这里活动，怕外人窥见。徽州向来以“程朱理学之乡”自许，婺源又是“朱子阙里”，礼法更严。厢房前檐全是槅扇窗，从正房中榀屋架向外侧闪出一米多一点，让正房次间能朝天井开一个窗子。这窗扇外侧，窗台上装一块横向的栏杆式构件，大约四十厘米高，雕饰很华丽，叫作“护净”，为的是窗扇打开时可以遮挡一下，因为次间是卧室。正房中央两根檐柱跟着移到厢房前檐一线，明间廊前略略宽敞了一点。正房次间和厢房之间有一段过道，次间和厢房的门都开在这里，叫“退步”，在正房檐步设门。前堂有外客的时候，便于女眷回避。正房的两条夹弄之一，便是用来连通一侧的“退步”和后堂的。小姐的卧室挨着这条夹弄。卧室、退步、夹弄、后堂，这就是年轻女眷的天地。她们生活在这狭窄的、防范严密的樊笼里。住宅不一定是“温馨的家”，它也是维持封建家长制的工具。这制度对妇女是无情的，道光《徽州府志》里，婺源县贞女节妇的名单整整有100页（头四页计108人，总计约2700人），其中九十多页正是建造那些住宅的时期的，即从明末到清道光年间。宋、元、明三朝建牌坊的37人，旌表的无数。婺源是朱熹的老家，“非朱子之礼不敢行”，这种住宅便是表征。讲究一点的住宅，后堂也有退步和护净。

正房次间大多用板壁隔为前后间，连同前后厢房，底层一共有八间房间，足够三代核心家庭用的了。

楼上比较低矮，一般不做起居睡卧之用，但也用木板隔间，明间中央往往造一个大神厨，供奉三代先祖神主。神厨通常很华美，是小木作的精品。凡新屋落成，首先要把神主迁入，然后才能迁入家具和其他一切用具。神厨是家的象征，有神圣的意义。

婺源过去是林区，盛产木材。延村住宅的大木梁架用材很整齐，柱子都是方的，从来不用原木。这跟我们在浙江所见到的大不一样。沿外墙内皮满装樘板，称吸壁樘板。分室也用樘板。底层除天井和廊檐下铺青石板外，都铺地板。楼板也很厚实。装吸壁樘板不仅干净整齐，还能防小偷挖盗洞。因为在木板上挖洞，响动比在砖墙上挖洞大。因此，连天井前的外墙也装。

延村旧宅的重要特点之一是前天井前墙正门内侧设宽阔而华丽的披檐。功能是加强前墙的稳定性；起雨罩作用，便于雨天穿脱蓑衣，收放雨伞；夏季防阳光直晒。风水术上的说法是有了披檐，便“四水归堂”“八方来气”，可以积财聚宝。积财聚宝是徽商家庭的最高追求，所以地方旧习，家家扫地都要从大门口向里扫，绝不可从里向大门口扫。有些披檐的檐口与正房和厢房的檐口交错，以致我们站在天井当中，抬头连一线天也见不到，很觉得稀奇。檐口都有承溜和落水管，过去，考究的用锡皮做，次的用缸瓦做。所以，尽管天下着大雨，天井里也不过稍稍湿了地皮而已。天井地面因此只比檐廊低两三厘米，也没有明沟。有些人家，天井甚至不设地漏，一点点雨水在石板缝里渗走就可以了。清代安徽人吴鼒撰《阳宅撮要》最为流行，其中说到天井：“天井横长一丈则直阔四五尺，宜浅而干，忌深陷载水。”这里清代住宅的天井正是这样。天井檐廊和前堂合成户内最重要的活动空间。因此，天井四面的落水管不垂直下来，而是从披檐下斜过，插入大门左右的墙体内，顺一个空槽落地，通向地沟。空槽处的吸壁樘板可以整扇打开，或者在樘板上设小窗，可以打开观察和修理水管。所以，事实上并没有“四水归堂”。实际的需要，毕竟比“莫须有”的风水之术更有生命力。

正门在中轴线上，进门便是前天井。想当年，堂屋前檐敞开，太师壁中央挂着福禄寿禧一类寓意吉祥或者山林隐逸一类寄心高远的中堂画，两侧挂对联，上方横着一方堂号匾。壁前长条案几上陈设着香炉、烛台、花瓶和插屏。插屏叫镜，后来被玻璃水银镜取代。东瓶西镜，谐音“平靖”。徽商家庭用它们祈祷亲人在外安全，寄托相思之情。八仙桌放在条案前正中，左右各配一把太师椅。两侧靠壁各有三张扶手椅和两张杌子。壁上挂着书画，几案上陈设着金玉古玩。厢房精雕细刻的槅扇在天井两边排开。抬头见到的是骑门梁，那上面的主题性雕刻更加场面宏大。站在天井里，面对端正对称的空间、严谨的格局和华丽的装饰，能最集中地感受到封建时代宗法伦理的庄严和商人生活的富足。

后天井因为没有披檐倒比较明亮，所以日常生活多在后堂，尤其是女眷。

没有厕所，在卧室中置净桶。各家在村中占空地置大木桶贮粪，备作肥料。桶上搭棚。桶外皮装有几步踏级，便于倾倒和掏出粪便。

住宅多有后院，也是三间正屋加两间搭厢。名为后院，其实虽有少数顺轴线置于主体后部的，大部分都贴在主体的一侧，轴线与主体垂直。从主体堂屋前经“退步”出耳门便进入后院天井。稍大一些的住宅，同时在侧面和后面设后院。后院建筑比较简陋，不同于后进。后院建筑也是两层，当年底层设厨房、柴舍、仓储和猪圈。上层住雇工，当地叫伙计。后院面积不小，因为在自然经济的农村中，不但要在这里加工制作食品，如年糕、米酒、豆腐、酱油，还要大量储藏它们，供一年的需用。多数人家，寻常日子就在这里进餐，甚至设客房。少数人家，在住宅主体的一侧设整齐的客馆，有小园和花厅，平素是男主人的书房和账房。

住宅的主体，即前、后堂部分，程式化程度很高，方方整整，端端正正，后院则随地段会有或大或小的偏斜宽窄的变化，调节住宅与街巷的关系。这个可以调节的过渡部分，增强了住宅的适应性，使它们能够纳入聚落多变的框架之中，从而增强了聚落对自然条件的适应能力。

后院的天井大多被陡立的石板砌成水池，落水管把檐溜水引入池中，供日用也供防火。落水管是缸瓦做的，挂釉，每节大约五十厘米到六十厘米长，一端扩大，互相套接。离地两米来高的地方，墙上砌一块小石板，挑出来，上下都有槽口，承接上下的水管。它的作用大约有两个：一是固定水管的位置；二是减小下段的重量负荷，以免压裂。现在看到，有些住宅，它以下的水管用铁皮做，可以转动方向，把水或引入水池，或引向地漏。

建筑都用平行梁架式大木结构，以并立的“间”组织内部空间。四面用高高的空斗砖墙封护，前后院之间也用封护墙隔开。封护墙一为防盗，二为隔火。两面山墙出“马头”，三山或五山，没有七山的。马头墙有装饰性，也增加了防盗、隔火高度。墙基卧砌六七十厘米高的青石条，十分整齐。

住宅前后两部分各自有外门，称为前门和后门。当后院在侧面时，前门和后门其实是并肩而立的。

住宅的第三个部分是前院，在前门之外。宽度与住宅的总面阔相同，深度一般只有五六米。前院的门即院门，在左角，就是青龙位。或在前方，或在侧面，不与前门正对。《绘图鲁班经》卷三里说，只有寺院、道观才把门串起来，至于住宅，“一直到门无曲折，其家纵洽也孤单”。这就和村子的水口要关锁是同样道理。在住宅里，这种曲折能更直接地保护私密性。

院门大多有门屋，下层是通道，两侧架木为长凳，供伙计们夏夜纳凉。有些门屋有两层，靠活动梯子爬上去，虽然朝向院内的用通间槅扇，里面却只存放长年不用的杂物。前院的后端大多有一间花厅，当年作为客厅。一般客人不进入前门，只在客厅招待，内外之别就更加严谨了。客厅也有楼层，有楼梯，可供客人留宿。

前院墙比较低，因前有门屋后有客厅，正面必定两头高、中间低。低处正对着前门精雕细刻的青砖门头，把它半遮半掩地向街上行人呈现。延村以东西街为主，北侧是一溜院墙，街景不十分枯燥。偶尔还会有桂花树、石榴树在低处探出，更添几分生气。我们在街上走，常常可以见到可爱的小景。街的南侧都是住宅的后墙，很单调沉闷。幸好有些很小的窗洞，为厨房和柴房照明通风用的，在墙上零散地点缀着，减轻些寂寞。

延村的前街和后街都有几处联排住宅，属亲兄弟所有，如“九龙下海宅”“三兄弟宅”等，它们的前院左右打通，形成一条小巷。但仍然用各式门洞划分地界，小巷景观因此多了层次，多了变化。

不少住宅还有一个特殊的部分，叫晒楼，在后院，是加建的第三层。一般是三间，但进深小，前檐退到金柱。必定向阳，前檐全部敞开，以纳阳光。朝阳面的中槛与二层腰檐的上缘齐平，中槛上有方形洞孔，间距在四十五厘米左右，用来插一排杉木杆的后尾。这些杉木杆向前挑出，形同搁栅，可以在上面放竹编的筐箩，晾晒东西，如咸干菜、番薯丝、辣椒之类。也可以在杉木杆上挂衣服晾晒。位于主体正后方的后院的晒楼，通常将杉木杆的另一端架在主体与后院间的封护墙上，这墙高出屋面。或者墙的两端高出屋面，中间搭木梁以承架杉木杆。

谷子，尤其是谷种，要在晒楼地板上晾干。所以晒楼楼板上有大约七十厘米见方的大洞，吊运谷子。平时洞上有盖，运谷时打开盖子，上面架“葫芦”，即活轮。谷仓通常在二层。

更有些人家，从晒楼中槛向主体后墙墙头搭一个天桥，叫作“板道”，万一火灾，可以从板道登上屋顶救火。

婺源多雨，梅雨季节十分潮湿，有许多东西需要晾晒。而村里建筑密度大，没有晒场，所以就发展了这种晒楼。婺源产杉木，轻而韧，适于做这样的搁栅。晒楼和搁栅，是婺源民居的一个重要特点。

最简单的三楼三底加后披的住宅，楼上正中有一个大敞口，从这敞口挑出一排杉木杆形成搁栅。少数人家，在家门口对面搭一个木架，承住杉木杆的另一头。

延村的住宅，在明、清时期，当然不至于像如今这样破烂、杂乱、肮脏，那时候，三代人的核心家庭，住一幢住宅，很舒适。但是，这些住宅的缺点显而易见。光照不足，通风不良，阴暗潮湿；冬季不能御寒，夏季太阳晒得楼上像烤箱一样。楼梯间黑得伸手不见五指。没有方便而卫生的厕所。厨房既不“曲突”，也不能“徙薪”。柴灶矮矮的烟囱只向外墙上开一个小口，外面熏黑了粉墙，里面呛得人泪流满面；柴房挨着灶头，很容易失火。更何况封闭的与外界隔绝的住宅，压抑人的精神，不利于培养活泼的、热情的、进取的个性。这些缺点，在皖南和浙西的乡村里也都是一样的。但是，它们从明代直到民国年间，没有改进，一代又一代带着所有的缺点照样造下去。我们看了延村的两幢明代住宅，它们跟清代住宅的明显差别仅仅是天井有一条“冂”形的明沟，大约三十厘米深，四十厘米宽。这大概是因为当时还没有承溜和落水管；楼上净空比清代的高而楼下的矮，据说那时起居、睡卧主要在楼上。但是，明代住宅比较朴素，槅扇的格心只用横竖条，没有雕饰。前门门头的砖雕，风格明显与清代的不同，它们稚拙、简单、粗犷，构图松散，用高浮雕甚至局部圆雕，形象突出，单层的，不作透视。总的说来，明代住宅比清代的简洁得多。这就是说，二三百年间，住宅只在雕饰上下功夫。

金桂熊住宅厅堂槅扇格心局部

金桂熊住宅厅堂槅扇格心局部

徽派建筑，素来以木、砖、石“三雕”闻名。乾隆年间，钱泳著《履园丛话》里说：“雕工随处有之，宁国、徽州、苏州最盛最巧。”婺源本属徽州，延村住宅，至少在木雕和砖雕方面达到很高的水平。

砖雕集中在门头，尤其是前门门头。这是单调沉闷的住宅外部唯一的装饰部位，在高高的、板实的大片粉墙反衬下，更显得十分华丽。延村砖雕门头之多，我们在徽州各县都不少见，几乎家家都有，风格自成一体。即使如此，砖门头的构图和做法也是高度程式化的，很少变化。

门头逼真地仿木构牌楼。最高处是瓦檐，其下有椽子和挑檐檩，檩下做三层飞砖，由上而下依次是一方、一枭、一混。下面垫四块坐斗，然后是上枋和下枋。它们有两侧柱子不落地的，作垂花门式，称门罩；有落地的，称门楼，就是完全的牌楼式了。上下枋之间，左右各有一方砖雕，叫“兜肚”，中央则是“字牌”，通常刻四个吉祥字，或者刻有关户主姓氏郡望的四个字。下枋的两个下角有雀替。柱子外侧伸出枋子榫头。

从雀替以上做雕饰，图案也显然模仿木牌楼上的彩画。上下枋和柱子满覆几何式的浅浮雕，大多是“万字不到头”“寿字不到头”和锦纹等来自纺织品的图案。在上枋，几何纹样之上常常凸雕“万蝠流云”“瓜瓞绵绵”之类形式生动、可以随意展开的图案。在下枋，则常做不大的几个开光盒子，里面雕写实的有吉祥寓意的花鸟鱼兽。少数在中央设一个比较长的开光盒子，雕情节性人物故事，宣扬忠孝节义。还有一些在中央做“包袱”，也叫“搭巾”，就是仿刻半方纺织品，以尖角朝下。在“包袱”里刻人物故事，那就更像彩画了。花鸟鱼兽和人物都是高浮雕，部分人物的头颅等局部甚至做圆雕。兜肚也有雕几何纹样的，更多的是做人物情节的高浮雕，也有完全透雕的绣球，很华丽。凡有人物的情节性场面的雕刻，都是多层的，有透视的。大斗的雕刻题材以花卉为主。字牌很朴素，恰当地衬托出门头的结构。雀替和枋子出榫则大多很花巧，甚至做得玲珑剔透。尤其是脊端用以禳解火灾的鳌鱼，张开大嘴，瞪圆双眼，扭着身躯向下游动，咬住脊端，把尾巴高高甩起。它们给结构性很强的门头一点活泼的生气。

延村的门头，比较清晰地保存着木牌楼的结构逻辑，构件完整，所以看上去平实，大不同于皖南如歙县、黟县的一些深雕砖门头。

延村的砖门头是细密坚致的方砖做的，大面朝外，贴在墙体上，大块的用木楔连接，也有穿大铁钉的。并有糯米浆和石灰调制的黏结料。牌楼式的门头、柱子下面的柱础是青石的，大多刻莲花瓣，比较深，少数做成方的，在面上刻很薄的花卉或锦纹，有些刻寓意性图样，如瓜瓞绵绵、松鼠葡萄，都是祝愿子孙繁衍的。厅堂里的青石柱础，绝大多数雕莲花瓣和如意云、灵芝草等。

木雕分别在大木和小木，重点在小木装修上。檐柱之间的横梁（枋子）都是月梁。雕饰集中在正房明间的月梁的中段。常见的是做一个开光盒子，包容高浮雕的人物故事。也有不少用“包袱”代替“盒子”。“盒子”或“包袱”以外薄雕卷草或如意云。月梁的两端则深刻反卷过去的虾须。少数人家，在迎面的横梁（枋子）之上再架一块花板，也叫花枋，专门用来雕刻，那就十分华丽了。多是情节性的背景复杂的人物雕刻，也有在几何纹底子上雕博古、文房四宝、琴棋书画和暗八仙之类的。

我们不论走进哪一家，首先吸引我们的是小木装修，也就是那些门窗槅扇，其中最精美的，是正房次间卧室的两扇窗扇和它的“护净”，以及“退步”的两扇门扇。它们恰好配成一套“锁窗网户”，位于我们一进门的视野的两个前角。槅扇的整体组成失之于千篇一律，但格心的花样却千变万化，尤其是工艺非常精巧，大多满铺细木棂格子，少数在格子上贴一块至三块镜板，镶大理石片或玻璃镜。“退步”门扇的锁腰板也刻故事人物，裙板上则浅浅地刻有吉祥寓意的花瓶、花卉、缠枝花或卷草。全部小木装修中雕饰最富丽的则是那两方“护净”。它一般做成一间栏杆模样，栏板上划分三部分，中央的比较长，各刻人物故事。它们构图最饱满复杂，雕工最精致细巧，甚至有多层的透雕，构图中大如柳叶的玲珑两扇窗，里面竟还能雕出一个读书的人来。两厢各六扇槅扇，比较简单，但锁腰板上的雕刻，题材更加多样，构图和手法随着题材变化，比较丰富。一般是构图饱满，不留白底，突出人物。线刻、薄浮雕、高浮雕、圆雕、透雕相结合，不拘一格。形象是写实的，但并不拘泥于自然。雕工有诀：“人大于山，树高过天。”“眉不厌长，须不畏粗。”为了充分表现主题，他们敢于做必要的变形。

我们在延村最感兴趣的几套别出心裁的锁腰板雕刻，一套全是哺乳动物；一套全是水族，鱼鳖虾蟹，怡然自得；一套是花台月榭、苍松怪石的园林风光。更使我们怦然欣喜的是一套六幅“山川行旅图”：山高路险，大江奔流，江上风帆片片，岸上茅舍处处，一舟傍岸，舟上人登岸求宿。这是徽商羁旅生活极真实的写照，深深寄托着眷属对为求锱铢之利而冲风冒露的远人的关切。

槅扇格心后面衬一块实拼的木板，或装卸或启闭，都很方便。结婚的新房，在木板前夹一层红纸，格心透出一派喜气。平素里，不裱纸，甚至不装木板，便于采光。棂子很密，孔隙小，从外面看不见室内。乡民告诉我们，从前，女眷不能见外客，她们就躲在“护净”和“退步”门后面悄悄地窥视。这未必是原初的设计意图，但是，长年被幽闭在监狱般高墙里面的青春女子，怀着压抑不住的好奇心，从窗棂间的小洞里偷望陌生人，渴望看到另外一个世界，大概也是常有的事。我们欣赏着这些精巧的槅扇，想到那缝隙里曾经射出惆怅而哀怨的眼光，心中也不免跟着惆怅而哀怨起来。

眼前实景也叫我们惆怅。槅扇上、梁枋上和外面门头上，不论木雕、砖雕，凡是人物雕刻，头颅统统被砍掉，这是那一场“文化大革命”的孽迹。侥幸逃过劫难而保存下来的头颅，百不及一，多是因为主人机灵，在上面贴了谁也不敢动的伟人相片和他的“语录”。现在，另一个劫难的威胁越来越强，我们看到，有些住宅的护净和退步门已经没有了，被卖掉了。一旦卖掉，它们就会漂洋过海，远适异方。在家乡，它们留下的是一块空白。

家家户户，人和猪鸡杂处，到处是破烂，槅扇都积满了灰尘，布满了蛛网，格心棂子上挂着锄头、镰刀、咸肉和草药，或者拴上绳子晾衣服。厢房的槅扇前堆积着木柴，躺着肥猪。我们每次照相前都要大忙一阵，清理干净。个别的房主人比较热心，张罗着掸土，甚至刷洗槅扇，多数房主人既不帮一手，也不阻止，眼神冷漠。偶然有年轻人过来，双臂抱在胸前，冷冷地看一会，鼻子里哼一声，不屑地离去。我们很想对村民们说几句赞美这些艺术精品的话，期期艾艾，终于没有启口。

午后一点多钟了，我们还没有吃午餐，饿了，想找个小店买点吃的。延村过去虽然都是些雕梁画栋的房子，却没有一家店铺。这些年改变不大，只开了一家小杂货店。我们在大雨中蹬着满街的积水，好不容易找到了它。小小的货柜里有几包甜饼，不知存了多久了，我们没有买。回头看小店门前一口井，六角形的井栏由六块青石板拼成，相互间靠正反卯口咬住，像木结构。一块青石板刻着“道光甲午冬月重修”几个字，那是1834年，算来正好一百六十年了。过去，延村人引以为傲的是它水井遍布，方便生活。如今，私家的手压唧筒取代了公用的大口井，小店门前的这口古井也荒废了，里面填满了各种垃圾，冒出腐烂的臭气。

我们饿着肚子离开小店，去寻一家私塾，我们的学生去年测绘过它。延村人经商致富，村里有过一些有著述传世的读书人，如据光绪《婺源县志·人物·文苑》载，清初里人金筠，“尝构读书楼，贮书数千卷，昼夜研究，寒暑勿辍。嗣立文社，为后进鼓舞，乡里文风浸起”。金鸿熙，“广购群书，手不释卷。尝输地建书院，置田培文社及资助寒酸力学者。……著有《询荛集》《枕善居文稿》《云山吟草》等”。金蓉照，闭户著书，有《尚书考异》《枕经堂文稿质疑》《杂录》《茗仙试帖》《金粟山房吟草》等，但科名很差。据光绪《婺源县志》，道光丁未，曾与西冲、读屋泉、思溪、汪村合建开文书院，由村人候选知县金洪董其事。不过，那时候的书院已经不是讲求学问的了。村人们关注的只是为经商所需的普及教育而已。延村过去有“绍志”“善诱”“育美”“博古”四所私塾，学生一百二十多人，光绪《婺源县志》里还提到一位金文诰，与弟文谱输地捐资共建“吉斋书舍”为里中义塾。延村的蒙养教育在北乡一带算是发达的，所以有“书乡”的美名。现在私塾当然早已停办，村子里只有一所不完全小学，设一、二年级各一个班，一共有二十几个学生。小学三年级的学生就要到思溪村去上学。曾经办过私塾的房子也只剩下一座了。我们在巷子里绕来绕去找它，巷子里雨水没踝，屎尿横流，裤筒和鞋子早已湿透。待找到那所私塾的旁门，门扇歪歪斜斜，裂缝有一两寸宽，却挂着锁，已经锈成了铁疙瘩。再绕过一堆乱砖，来到后门，推门进去，一片昏暗，一抬脚就会撞到什么东西上，只听见身边有猪的粗糙的喘息声。小心翼翼地向一线模糊的亮光摸过去，原来是后天井，顶上搭了一块塑料薄膜，把各种臭气都闷在屋里。我们转到前堂，见到一位中年男子，在鸡笼和农具的缝隙里，蹲在破烂的地板上编斗笠。抬头看看我们，他又低头工作，不声不响。这样木然对待闯进来的陌生人，倒也奇怪，我们也就自己随意行动，察看这座过去的私塾。

私塾像一幢带跨院的住宅。进正门，是一幢三开间前后天井的房子。前堂厢房没有木装修，完全敞开，而且天井前墙内侧的披檐比较窄，正房明间过去虽然装通间槅扇，光线还可能比较好，这里曾经是课堂。次间做塾师的休息室。楼上是学童卧室。我们走过左侧的耳门，进了跨院，倒很宽敞明亮。楼下右厢三间是会馆，对面有两间左厢，正房很浅，是一间敞厅，作为学童的食堂，后面另有厨房。跨院楼上与正院楼上相通，右侧三间仍然作为学童卧室，其他的是“早读楼”。这所私塾是全村唯一的朝东的房子，据说就是为了让早读的学童们沐浴晨曦。如今，食堂被一道粗糙的墙堵死，看来是新建的，从别的老房子拆了一细巧的槅扇来，胡乱地装上。早读楼的美人靠和卧室前廊的雕栏，精致而且华丽，分明流露出延村的先人们对文化的尊崇。小院里，长着一棵枇杷树，青青的果实还蒙着银色的茸毛。树下一座花坛，早已坍塌。看来这跨院曾经是曲廊画楼、花木扶疏，可惜“似这般都付与了断井残垣”，在雨丝风片中凭吊，我们的心里充满了忧伤的情绪。

这座私塾四十几年前被分给三户农民居住。我们出门的时候，恰好另一位农民从外面回家来。我们问他些什么，他却根本不知道这里曾经是书塾，更不用说这书塾的名称了。现在唯一能教人相信这里曾经飘扬过书卷香气的，是正门边墙上嵌着的一个葫芦形焚纸炉，上面还刻着“敬惜字纸”四个字。

跟住宅一样，书塾有一个狭长的前院。不过，它是曲尺形的，包住书塾的东面和南面。正门在东边而院门在西南角。这个布局很不顺畅，所以致此的原因，或者是由于风水的考虑。正门跟墙的方向不一致，偏转十几度，就是由于风水，这种情况在婺源乃至皖南都极其普遍。

出了书塾，我们心里如有重负。想去看看一座清代戏台的位置，这戏台前些年被拆掉了，我们是希望判明，当年延村有没有公共活动中心。问了几个人，都不知道有过戏台，我们只好沉闷地随意在污水中蹬。这时候，听见打麻将的噼啪声倒犹如空谷足音，赶紧寻声而去。从后门闯进一家住宅，前堂倒还整齐。主人金先生五十来岁年纪，在思口乡主管教育工作，礼拜天在家休息，儿子和媳妇从县城回来，一家子乐融融的。

离清明节还有两天，家家都蒸了许多碧绿的清明粿，这是把嫩艾叶和蒸熟的糯米一起放到石臼里捣烂做的，里面有馅。金先生端了一盘子给我们，不知道是不是他听见了我们饥肠的辘辘声。我们相视而笑，抓起来就吃。除了糖果，婺源的一切食品都是辣的，这粿子也不例外。我们一向怕吃辣，这时候顾不得了。

这位金先生说，像徽州各地一样，延村从明代起就有人外出做生意，后来以至于家家经营茶叶。经营有所得，不论自己是不是还回来，都要在老家造一幢住宅给眷属子女。眷属和子女不劳动，少年读书、妇女理家、老人颐养。家里有些田地，雇伙计耕种。伙计大都来自皖北穷困地区，住在东家后院的楼上，女佣也有住在后堂厢房里的。外地人帮工年数多了，也会在村边搭一座草棚，接妻儿同住。20世纪50年代初，土地改革的社会大变动中，他们在东家住宅里分到了一两间房子，一直住到现今。那些村边的茅草屋早已了无痕迹，村子里只剩下往昔商人的住宅，所以村子原来的社会结构已经看不出来了。它现在的面貌并不能全面地、正确地反映它的历史。

这些商人住宅，相互攀比，用料考究，尤其在门头和小木装修的雕饰上争奇斗艳。这些雕饰能吸引我们如醉如痴地欣赏它们，但是，我们看不出各家各户的雕饰在住宅里的布局有什么差别。以二三百年的时间尺度来看，雕刻也不见有什么创新。争奇斗艳就是炫富。炫富不需要创新，要的只是费工。谁家房子费工多，就出人头地。江南一带风习，常常夸说某家有一张“百工床”或者“千工床”，床的名贵，在于它用了百工或千工，并不问它的艺术质量，这就是当年商人的品位。

创造力降低，市井文化意识越来越强烈，这是明清以来徽州建筑的一般情况。

我们又向金先生说起，延村住宅原来虽然考究，但现状实在太破烂、杂乱、肮脏，而且全村好像并没有完善的供水、排水系统和公共活动中心。金先生很气愤，带我们到门外巷子里，面对着到处流淌的雨水和淤积的泥浆说，延村的所有街道，本来全都满铺大块青石板，石板从星子和鄱阳两地运来，整整齐齐。街巷下面有完整的阴沟排水系统，由祠堂统一管理维修，定期疏浚，不论多大的雨，街上都不会有积水。现在，青石板破碎了，阴沟堵塞了，四十多年都没有修理了。他说，过去，在宗祠管理之下，牛棚都造在村子外边，猪和牛不许进村上街。每月初一、十五，全村人都出来扫街，各有负责的一段。现在，祠堂不管事了，这些乡规民约早就被废弃了，以致到处是牲畜屎尿，没有人管。至于村子没有公共中心，大约和当年村里很少成年男子有关，男孩一到十二三岁就出外谋生去了，村里的妇女儿童，即使有交往，也形不成像样的公共活动中心。

这位金先生，负责教育，说起话来自然跟普通百姓不大一样。别的村民，早就木然不想这些了。

说了一会儿话，我们到金先生家的后天井里看看，发现墙脚有两方石板，刻着字。赶紧搬起在檐溜下冲洗干净，仔细一看，一方是建造文昌阁的碑记，全文是：

> 本村水口关帝庙左首，金霁坪自愿输租八秤，与众换田，独建文昌阁，为合里肇开文运，颇当大观。楼上恭奉神像四座，楼下恭奉神位二尊。计用费贰千金。子孙笃志诗书，世守勿替也。
>
> 嘉庆八年秋月霁坪金益亮记

另一方是一首《水口文昌阁诗》：

> 尝观放翁诗，东坡读书台。孕奇蓄秀地，山水何佳哉。霁坪性卓荦，下帷绍氛埃。所居最胜处，杰阁巍然开。是为文昌宫，瓣香其素怀。至尊尚崇隆，典祀视上台。文章万国器，激劝在吾侪。载籍为枝幹，孝友为根荄。神者本依人，诸福源源来。此即诗书城，千载东坡偕。后之登览者，将不尽低徊。
>
> 霁坪大弟属题水口文昌阁诗

金先生说，这两方石碑原来在水口文昌阁，1945年，国民政府第三战区副司令长官驻在这一带，下令把文昌阁拆掉了。石碑散落在草丛中，被金先生捡回了家。从碑文看，水口原来还有一座关帝庙，不知是不是金元鼎重修的那一座，又不知是不是就是那座红庙。文昌阁和关帝庙点缀水口，是皖、赣、浙各地的习惯，一位伏魔保障平安，一位开通青云之路，乡民们在他们身上寄托着生活的理想。

我们用蜡墨拓印石碑，金先生的儿子，一位年轻的公司经理，告诉我们，他父亲还有一块大石碑藏在楼上，而且，更使我们兴奋的是还保存着一套宗谱。我们极其谦恭地请求金先生把宗谱和那块大石碑给我们看看，他立即把脸拉长，不再那么和善健谈。我们只好不再说什么。

我们在延村先后工作了十几天，竟没有能翻一翻金氏宗谱，离开时，心情十分惆怅。雨倒是停了，我们爬坡上到公路，回头望去，笔架山上流云飞飘，忽浓忽淡，忽聚忽散，透出难以捉摸的神秘。秋天再去，那位金先生连家门都没有让我们进去。这就显出文化知识在这位先生身上的另一种效应来了。

思溪村

思溪村在延村西边，相隔只一里多路。4月中旬，我们在窄窄的田埂上高一脚、低一脚走向思溪，忽然想起，有朋友把我们的乡土建筑研究叫作“风雨中赶路”，也许，在风雨中奔波是乡土建筑研究的典型情景吧！

思溪村于南宋庆元末年（1200）始建，先祖由长田村迁来。以俞姓谐鱼，所以命名村子为思溪。盛时有明、清建筑七十几栋，现在还有三十几栋，其他都是民国以后的。[①]

延村在溪北岸，思溪在南岸，同样占腰带水的地形。村口是一座风雨桥，过桥才能进村。桥名通济，是两跨的，上面的廊亭长约22米，宽约3.8米，有八开间。比例和谐，结构和构造十分简洁合理，方棱方角，没有雕饰，一目了然，显现出理性的美。但梁架稍稍做一点柔化的处理，五架梁做月梁，三架梁在两端短柱外侧伸出象鼻式的榫头，显得精致一些。

桥两侧有栏杆靠凳，终日有人坐着谈天说地。这是全村唯一的公共交往中心，挨着村子离家不远，守着村口能和过往的行人招呼搭讪，打听消息；而且眼界开阔，风光旖旎；春雨缠绵或者夏夜蒸溽，这里都是最好的聚会场所。中央桥墩上，东侧，廊子凸出一间，原来是河神庙，现在成了包子铺。南端的石桥墩两头，用木板搭起了两家小吃铺，卖包子、面条，还有一家理发店。桥面上放着肉案和馄饨担。顺理成章，这

① 据《婺源风物录》。又据1985年《婺源县地名志》，155户，608人。

里渐渐形成了一个商业点。村里再也没有别的商店了。

据光绪《婺源县志》，通济桥造于明代景泰年间（1450—1456），以后多次倾圮重建，如乾隆壬子（1792）被大水冲毁，由村人俞德任捐田三亩倡修，嘉庆九年（1804）告竣。捐资造桥铺路，置田专门维修它们，本是婺源家道富裕的人的传统义行。而于桥上置亭也是常事。光绪《婺源县志·人物·义行》载，明代吴裕：

> 慷慨好施，凡桥梁道路，如吴村、善源、洪源、梅源诸处，独力建造而工费浩大。惟本村（富春）尚义桥为最，且于其上盖亭、列肆，设义浆、施药饵，行旅赖之。

桥上不但有店铺，且有药和茶水。可见这种桥亭自古就是乡民公共生活的一处中心。

桥上的闲人喜欢聊天，很以村子有这么一座桥自豪。他们又指点给我们看，东边，在思溪和延村之间的一座小山上，以前有过一所龙河书院，是远近闻名的学堂。[①]桥的东侧，河北岸曾有过两座石坊和一座小庙，在“文化大革命”中被砸毁了。说的人弄不清它们是什么牌坊什么庙，不过，牌坊、庙和风雨桥，这是水口建筑群的典型组合，这桥就是水口建筑群的孑遗了。过桥便是一条贯穿全村的南北街，直指碧绿的后龙山。我们顺路走下去，见街上的住宅大都朝北，村子“背山面水”但并不“负阴抱阳”。住宅形制多数和延村的相仿，中型的，三间正房，前后堂都有厢房和天井。不过前天井的前墙没有延村那样深的披檐，所以天井中央还可以仰面见到一线天光。到夏天，用天棚遮住阳光。也有后院。但有前院的住宅不多，显得门户浅一些。侧面有客馆的却反而多一些。街的中段，东侧，有两幢比较讲究的住宅，它们背对背，中间有

① 光绪《婺源县志》中载：“开文书院，在北乡思溪吴河，道光丁未（1847）建。延村、西冲、读屋泉、思溪、汪村合建。”董其事者为延村人金洪，候选知县。不知这龙河书院是不是开文书院。

一条小弄和拱门。照嵌在墙上的石碑看，一幢属叔伯，一幢属子侄，同时建造于咸丰四年，即1854年，那是太平军入婺源之前的一年，离现在有一百四十年了。北面的那一幢，大门开在西北角，根据什么风水要求，是斜向的，所以在街上看过去很显眼。我们推门进去，倒觉得很新鲜，正屋中央的两根前金柱被免去，室内很空阔。上檐一直搭到前墙，盖过天井。天井没有了，变成了前厅。但前墙在这一段降低，于是形成了一个类似侧高窗的大洞口。内部的空间更加宽敞、完整、流畅，光线也柔和。这是对流行了几百年的传统住宅形制的改进，虽然步伐不大，毕竟表现出突破陈规的愿望。

走到街的尽头，左侧出现了一段东西向的大约有六七米宽的短巷，整整齐齐，满铺青石板。它的东南是一带粉墙，中央有一个月洞门，门头青砖横匾浅刻“庆馀”两个楷字。门洞堆满了劈柴，进不去，连从门缝向里张望一下也不成。村人见我们冒着大雨在月洞门前乱转，觉得好笑，问我们是做什么的。我们这次到思溪之前，误以为村里早已没有多少有价值的建筑，本来只想随便看看，碰到有热心人来搭腔，就告诉他想看一看“百寿图”。这位年轻人半开玩笑地问：你们出多少钱？我们一面随便打哈哈，一面跟他走。原来，这粉墙里是个花园，“百寿图”就在它后面。“百寿图”是十扇槅扇，每扇的束腰板上刻八至十二个不同字体的寿字，真草篆隶，一共九十六个。真见功夫的是九十六个字都是阳刻，笔笔完整。所以“百寿图”是婺源小木作雕饰的一绝，很有名。这十扇槅扇装在一座住宅右侧客馆的花厅前檐，厅前一个不大的前庭，粉墙上有一个轻巧的漏窗，透过它可以看到花园里仿佛有点绿色。

在住宅的左或右侧设客馆，楼上楼下都有装修精致的花厅，前面辟花园，这是婺源稍大一点的住宅的一般形制。“百寿图”的花厅不大，也没有多少可看的东西，我们穿过它从侧门走进住宅的正屋的后堂，绕过正厅的太师壁，见前天井右边是花园的侧门。推门进去，迎面是几个两米多高的大粪桶、一排猪圈和一些烂木料。木料上沾着厚厚一层鸡屎。在这些的夹缝中，我们小心翼翼找到了两株南天竺和一株枣树。更叫我们惊喜的是居然还有一只完整无损的陶质大鱼缸，六边形的，莲花敞口，黄绿色的釉彩下堆塑着松柏花竹。当年这家人家的富足，他们生活中的雅趣，还能从这只鱼缸和两棵南天竺依稀想见。我们抬头又看到月洞门的背面，一双门扇全是垂直的木板条间隔着钉起来的，正当中还有一块浑圆的实板，和门洞同心，因此，透空的是一个圆环。构图十分简洁却又不缺变化，有虚有实，有直有圆，看来似乎随手做出来的，并不刻意雕琢，却表现出匠师很敏感的审美能力和素淡的情趣。

思溪村住宅厅堂槅扇门

这屋的左侧，隔一条窄巷，并肩还有一幢相似的住宅，它的客馆在另一侧。就是这两幢住宅和一座花园的正面，两个砖门头和一个月洞门，构成了宽阔的短巷的南侧边沿，看来这两幢住宅的旧主人曾经很有地位。

这条短巷的东北角有一条南北向的小巷子，顺巷子向北，再向东一拐，就来到一座祠堂的门前。祠堂朝北，是俞氏宗祠，思溪村是俞姓的聚落。祠堂早些年被人民公社用来办小工厂，前院和门屋一起被盖上左右两面坡的屋顶。五间五楼砖雕牌楼式门面因此被毁去了上半，变成三

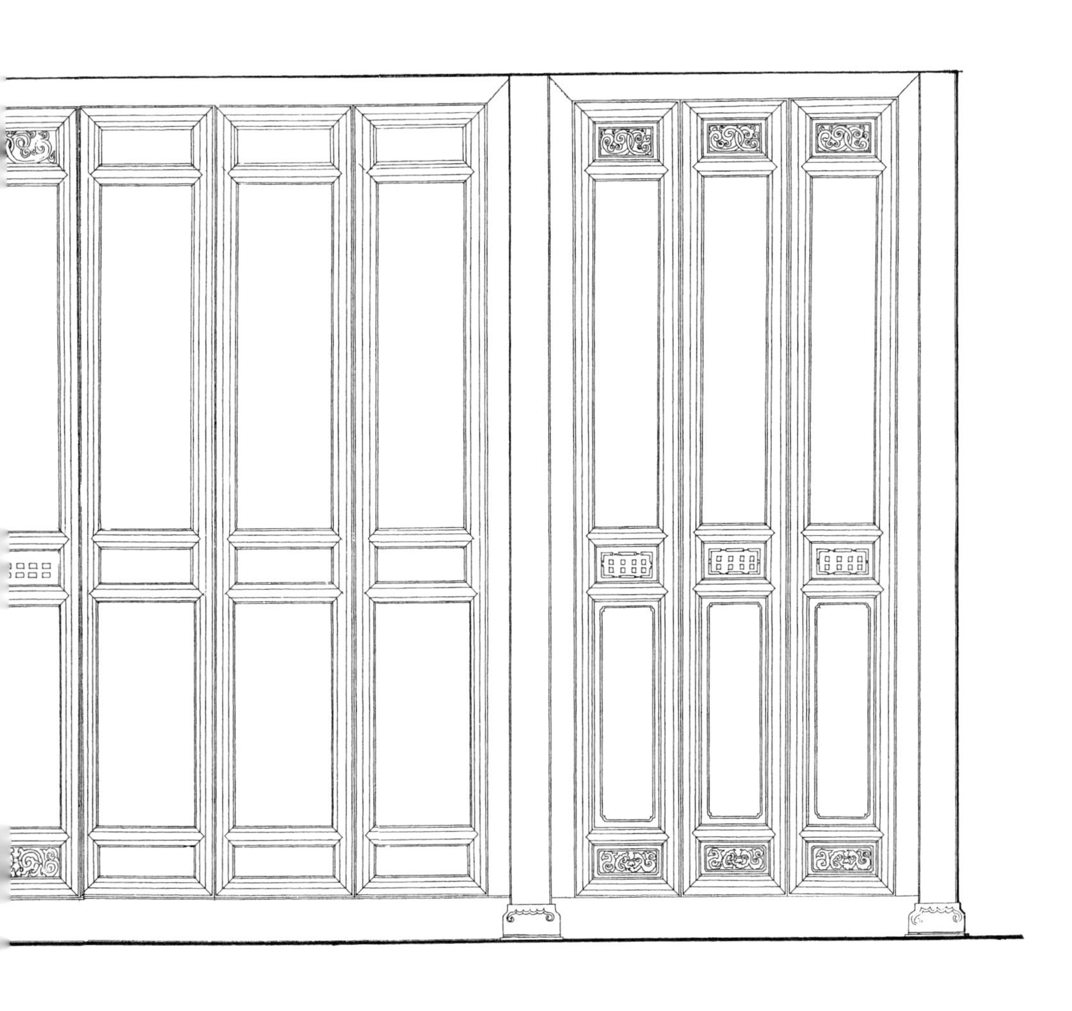

角形的山墙尖，倒很像欧洲中世纪的罗曼式教堂的立面。大门锁着，从门缝往里张望，享堂已经很残破，乱七八糟堆着些木料、棺材和废弃的工厂设备，显然多年没有人进去了。享堂的骑门梁似乎很华丽，可惜太暗，看不清楚。

我们无目的地蹚着水在蛛网般的小巷里走，时不时见到一两幢堂皇的住宅。有一些因为风水关系而扭转了院门和正门的方向，体形和轮廓因此有些意外的变化，给巷子添一份活泼。

徽州一向盛行风水，早在宋代，罗愿撰《新安志》里说：“其民之弊，好为人事……市井列屋，犹稍哆其门，以傃吉向。”说的就是这种情况。据东汉王充的《论衡·诘术》说：

> 图宅术曰，商家门不宜南向，征家门不宜北向。则商金，南方火也；征火，北方水也，水胜水，火贼金，五行之气不相得。故五姓之宅，门有宜向，向得其宜，富贵吉昌，向失其宜，贫贱衰耗。

我们没有兴趣去细究这些人家大门偏侧的“学问”，继续我们的调查。

大一些的住宅，跨院的墙头上，往往露出客馆楼上的花厅，玲珑的槅扇，透着轻巧和温馨。还有一座祠堂，正面的上半部也因为被架上屋顶而变成三角形山墙，三间三楼式的磨砖雕花门头的残剩部分，依然显示出很细腻的工艺水平。

巷子两侧，高高粉墙的勒脚都用大块青石板贴面，方正平直，很整齐。排水的明沟也砌筑得很好。不远就有一个小水池，用三块青石板斗砌，贴在墙脚，跨在明沟上。我们仔细一看，原来这里是住宅里雨水的排出口。我们没有机会探明住宅排水暗沟的做法，在表面上看，思溪的排水和延村的一样，但这些小池子，在延村没有见到，在别的村子里就更见不到了。这些小池子式的排水口的功用，或许是为了减弱排出来的水的冲力，避免横流在巷子里，或许是为了增加一道曲折，更能够“藏风聚气”，以免财气直泄无余。更可能是两个作用都有。风水嘛，无非是阴阳师的嘴皮子。

思溪村的布局很松散，房屋之间空地比较大，有一些古树、老藤和丛竹。村子边缘尤其零落。看来，村子在建设之初大概都是这样，以后才逐渐填满的。

在村子的西北角，孤零零有一幢大房子，村人告诉我们，福建省电视台曾在这房子里拍过《聊斋》。我们怀着浓厚的兴趣找到它的大门，进到前院，方正而宽敞，满铺青石板。我们在婺源第一次见到这样干净的房子。正屋朝北而略偏向东，正门却朝正北，正门因此是斜的。这又是风水术的小手法。房屋的地段不易有好朝向，阴阳师就杜撰出一个以门向代表房屋朝向的“巧招”来，“逢凶化吉”。这房子前院的西侧有个小门通向一座很大的花园，现在成了菜园，一个茅坑堵着园门。前院东侧有个小拱门，门洞上青砖横额刻“挹爽”两个字。我们进了正门。正屋的基本形制倒也平常，前面一个天井式四合头，后面加一个后天井。不过，它的尺度大，进深和面阔都大于普通民居，两个前厢也比较长，因此前天井比较宽敞，近似一个院子了。倒座门厅当地叫下厅，下厅、正厅和两厢都没有槅扇装修，完全开敞，和天井连在一起，形成一个室内室外结合的、很有变化的、适合于多种用途的大空间。连日来我们被一个个小小的天井弄得心情郁闷，一进这个前堂，顿然十分畅快。正厅太师壁上悬匾“敬序堂”，它经过多少风云，居然还在，真是难得。

它的楼上比较别致。一般的住宅，楼上不住人，只用来乱堆杂物，所以工料都很粗糙。但这座敬序堂的楼上却很考究。明间中央设一个祖宗神厨，“文化大革命”中奉命拆除，好在房主人还保存着全部构件，存在次间房里。老太太一面讷讷说些我们听不懂的抱怨话，一面把构件搬出来给我们看。我们见过很多这种祖宗神厨，但从来没有见过这么华丽、这么精致的。光是一个葫芦宝顶，就有七十多厘米高。还有木雕的凤凰、牡丹等等，全贴着金箔。因为男主人不大高兴，在楼下对老太太喊了些有点凶气的话，老太太赶紧把构件收了回去，我们没有能看到神厨的整体形象。留在原处的神厨下部的柜子，四扇门，每扇上都有浅浮雕的瓶花，朱漆贴金，仍然辉煌夺目。当年这座神厨曾经多么骄傲地炫耀过主人的富有。

楼上，绕天井一圈，都装设美人靠。两厢紧挨着美人靠里面一米左右设通长的一排槅扇槛窗，可惜窗扇现在已经全都失掉了。可以有把握地推想，它们原来是很精美细致的。两厢和倒座全部敞通，檐枋底有挂灯笼的铜钩，花纹精致。很可能，这楼上两厢曾经是宴饮的场所。

美人靠之下，花枋、华板和过梁上，满刻着十分繁复的雕刻。正厅明间的骑门梁中央，开光盒子里人物众多，可惜都被“文化大革命”砍掉了头。每个人的脖颈上端都是一个椭圆形的斜面，泛着灰白色。

天井的承溜和落水管都是镀锌铁皮做的。落水管从倒座楼上斜过，插入正门左右两侧的墙内，顺空槽而下。槽有小木门可开启，以便检查管子和修理。这做法与延村的住宅相似，也是实际上放弃了“四水归堂”。

那天雨下得大，天井积了水，我们注意到水洼里扔着几块垫脚的木头，原来都是精雕细刻的建筑构件，如牛腿、梁托之类。再稍稍多看几眼，发现随意当作台阶踏脚和门槛之类的木块，也有不少是这样的构件。有的已经被长年渍水沤烂，有的已经快被鞋底磨光。我们向老太太建议，把它们收拾起来，存到楼上去。她只是苦笑。我们表示立即可以挽起袖子来帮她收拾，她却忽然警觉起来，和善的脸变得冷若冰霜，不再搭理我们。我们只好埋下头来啃干粮，连开水都不敢讨了。

老太太消失在东侧的“退步”里。我们吃饱了肚子，探头探脑走进了“退步”，过了耳门，没有想到，这东部竟是一个非常别致、非常精巧的客馆，现在由老太太和老先生住着。这才是电视台拍《聊斋》的地方。它其实很简单，楼下两个厅，楼上重叠着两个厅。两个厅一南一北紧挨着。但它的建筑景观却出乎意外地丰富，变化之多，叫人好像进了幻境。靠北的花厅向北，前檐十六扇雕花槅扇，外面是个小花园，铺一地青石板。北墙根一溜花台，种些四季花树。东西两面粉墙上都靠着一个小巧玲珑的木构门头，纤细的格子，精巧的挂落和栏杆，支起翼角轻扬的瓦顶。东面的门头罩着个蕉叶门洞，西面的门头下，就是刚才见到的前院“挹爽”门的背面。东墙上还有一个葫芦形的龛，是焚烧字纸用的，上面一块青砖横额，刻着“敬惜字纸”，形式与延村私塾的那一个相仿。看来，这个“客馆”可能是书房或者家塾。靠南的一间，形式像前堂，向东完全敞开，是个小院，青石板墁地，干净利落。小院北侧，好比厢房前檐，楼上楼下全是精巧的槅扇。南侧，粉墙上一个拱门，通向屋后的厨房、柴舍等附属用屋。

我们绕到太师壁后面，找到楼梯，一上楼，又是耳目一新。先进入朝东的厅，也是整面敞开，前檐栏着美人靠。依在美人靠上，我们细细欣赏了厢房槅扇精巧的美。转身到朝北的厅，柔和的天光把十二扇格心的图案勾画得黑白分明。打开槅扇，也是一溜美人靠，雕着极精巧的花卉。从这里俯瞰小园，错错落落的景致，处处入画。我们凭栏小坐，四周静悄悄的，蕉叶洞门里传出银铃般的痴笑声，美丽的婴宁翩然而来。“顾婢曰：视碧桃开未？”月夜，银光从槅扇流进，一灯荧然，展卷闲读，“忽闻弹指扣扉”，不知门外来的是聂小倩还是青凤。

这两间厅，一间朝北，面对花园；一间向东，通往空庭。一间半闭，一间全敞。一间素雅，一间纤丽。正是这些对比和变化，造成了它们的恍惚迷离。

我们在楼下朝东的厅里坐下，再三请求房主人给我们讲点什么。主人叫俞锡泰，1922年出生，从小在杭州做茶叶生意，现在退休家居。锡泰先生说，这房子是俞继基手里造的。俞继基字锦三，生于嘉庆丁巳（1797），殁于咸丰己未（1859），是开木行的。太平军时，被掳去，用二十万两银子赎回，从此家道中落。到第三代，民国初年，这住宅以950元鹰洋当给延村人。抗日战争时期曾经驻第三战区副司令长官的无线电台。锡泰是第五代，1944年以2150银元赎回房子，直到现在。[①]在当出去的同时，还卖断了俞继基的另外三幢房子。锡泰先生说，村里的房子都是外出做生意发财的人造的。做木材做茶叶的都有。

闲聊中，我们发现墙角竖着一块匾，翻过来一看，是“一榻闲”三个字。锡泰先生说，西花园里有三间客厅，这块匾就是挂在当心间里的。花园很大，现在成了菜园，客厅还在，三间前檐全是槅扇。想当初花树四合，绿影婆娑，光景十分可爱。不过，细琢磨这块匾，我们有点怀疑这客厅是抽鸦片用的。

婺源县的山野里，散布着这样一些大小的村落，它们的自然条件

① 《婺源风物录》称敬序堂建于清雍正、乾隆年间，与俞先生所述不相符。

很恶劣，人们外出谋生，村落反而富了起来，造了些上好的住宅。但这些住宅却是外来的。形制和风格都并不植根于这块土地，不是乡土的产儿。这座敬序堂，即使在它的客馆里，那种炫富的装饰，不免过分。客馆的小花园，也有点矫揉造作。

两个月之后，我们再去做正式的测绘，却见大门紧闭，贴一张“谢绝参观”的白纸条。邻人见告，俞锡泰先生去世了。突然去世的原因有两种说法：一种说法是，自从某电视台来借景拍摄《聊斋》之后，又有别的制片厂和电视台之类来拍了不少鬼戏，以致阴气过重，损了俞先生的阳寿；另一种说法是，拍电影的、拍电视的来了就大折腾许多日子，闹得俞先生夫妇不能安宁，拍完之后，一走了之，从来不付场地费，虽然演员们的收入成千上万，俞先生气死了。不管怎么样，我们没有能把它测绘下来，只有一张粗略的草测平面图，毕竟是个大遗憾。

我们从敬序堂出来，再过风雨桥离村。这时大雨已经变成了春天的飘雨，桥亭里人多了，一侧清一色坐着老头，另一侧清一色坐的是老太太。包子铺的老板忙着生火，准备卖一顿晚餐，蓝色的柴烟，在桥亭里舒卷浮荡，久久不散。东望延村，西望大坞前村，迷迷蒙蒙，都已经淹没在低低盘旋的炊烟里了。

甲路村

按照旧例，寒食节不举火，因此也就不扫墓，扫墓总得烧纸钱，点香烛。但是，县里凡“够级别”的人都要乘机关的车子扫墓，才能光宗耀祖，车子不够，有些小头目只好在寒食节扫墓。4月4日，我们如约到某机关，但人车两空，都去扫墓了，虽然这是礼拜一，刚刚过了公休两天的大礼拜。不得已，我们租了县招待所的吉普车去清华镇，先到镇西二十几公里的甲路乡甲路村看一看。

到甲路村去，是因为县文化局的金邦杰先生要我们看一看龙川书院，他已经考证出，那书院现存的大堂是元代遗构。大约正午，我们到了甲路，乡政府先招呼我们吃了饭，然后由书记陪我们参观。

甲路村是张姓的聚落，地处“徽饶通道”上，或者说在婺源赴景德镇的大路上，又盛产木材，所以古代曾经很繁荣。乾隆《婺源县志》已经称甲路为镇，又称甲道。可惜宗谱在“文化大革命”中被一一烧光，甲路的历史现在没有办法弄清楚了。只有康熙《徽州府志·流寓》有一点资料，说唐代“张御，浙西人，黄巢之乱，避地歙之篁墩，卜居婺源甲道”，则甲道村至少在唐代末年已经有了。[①]但现在村子的古貌已经所剩无几，只残存短短的两小段街，互相垂直，形成一个丁字街口。街口有过一座石牌坊，依稀还能辨认出地面上的痕迹。旁边胡乱堆着些旗杆石和高大的雕着莲花瓣的石柱础，仿佛向过往行人诉说村子过去的辉煌。南宋丞相马廷鸾岳家为甲道张氏，致仕后隐居甲道，村中有马廷鸾和马家花园，今已毁，仅存花园中旧井一口。

从街口往北，直巷里，只残存四五个雕花青砖门头。一个眼看就要倒坍，后面是菜园一片，另两个也破败不堪，精致的雕刻徒然增加我们的怅惘。只有两个门头维修过，它们是一幢房子的前后门，这幢房子里现在办着伞厂。竹筋油纸伞是甲路的名产，俗话说，“金华的斗笠甲路的伞”，都是上好的雨具。康熙甲戌《县志》，已经把它列入《货属篇》。甲路伞前些年濒于失传，近来又稍见恢复，为接待客商，才把这幢大住宅整理了一下，当作厂房。在这之前，它是乡文化站，现在连文化站带文化员全都撤销了。以文化作牺牲，奉献于经济的祭坛之前，这现象处处可见，跟村民们把美丽的槅扇廉价卖给串村收购的“福建佬”，并没有什么两样。

一跨进门槛，吃了一惊，原来所有的木构件都漆了朱红色，还有些贴金的装饰。堂前檐枋下挂两盏八角玻璃宫灯，飘着大红流苏。我们在延村和皖南看到的住宅，木构件都是素面本色。因为所用的木料，至少

---

① 据1985年《婺源县地名志》，张姓人从篁墩迁甲道在唐广明元年（880）。同《志》载，今有288户1339人。徽属六邑，绝大多数宗谱说先祖来自篁墩，不可靠。

在前堂和前厢，都是当地盛产的银杏、梓木和樟木，材质很美，又很贵重，要着意把它们亮出来。在延村我们刷洗过几扇槅扇，它们也都是素面，格心作琥珀色，或许稍稍用水溶性颜料涂过。那些房子虽然已经老旧，颜色黝深，仍能想见当年的雅致清新。但面对眼前的一片朱红，我们也只能沉默。无论如何，这总比任其破烂倒坍好。

这是后进，不是后院，房子很整齐。前面还有一进，锁着，伞厂的头头们不知是不是扫墓去了，没有来。这一进的后面是个不小的花园，所以三层晒楼前后檐都敞开。现在装了玻璃窗当仓库。楼梯很宽，又很平缓，在农村里还从来不曾见过。书记说，这一进房子，过去是书塾，楼上设课堂，学童们上上下下，所以楼梯做得这样，安全一些。公共建筑的功能，改造了住宅建筑的旧模式，这算得上是一个进步。

房子的右侧本来是客馆，现在是作坊，有两个小姑娘在画伞，还有一个老师傅，要给伞上清漆，因为头头们没有来，领不到漆，气得哇哇叫。

这座房子，前后两进，有花园和宽大的后院，这样的规模在婺源并不多见。可惜现在已经没有人知道它的历史了。光绪《婺源县志·人物·义行》记顺治时人张之益："祖居甲道通衢，立义塾训邻里子弟，人皆薰德，悉化乔野之风。"这座房子正在通衢，又当过学塾，规模也还值得志书一提，或许会是当年张之益倡立的义塾。

从丁字街口蜿蜒往东，是古时的过境大路，形成了村里的商业街。过一个桥亭，向东南不远，望见了被破屋堵住的龙川书院的后墙。光绪《婺源县志》载，"龙川书院，宋天禧间张舜臣辟，先贤张竹房兰室与胡云峰[①]合业于斯"。这是所很有历史的书院。进了后门，就是原书院的正厅，也许是明伦堂。现在住着一户人家，打了些隔断。正厅三开间，但明间与次间之间有一个夹弄。明间宽达760厘米，次间宽450厘米。檐柱高340厘米，金柱高520厘米。所有的柱子都是梭柱，轮廓线饱满而又柔和，富有弹性。前檐柱在高115厘米处圆周112厘米，在下端，柱础上沿，圆周

① 胡云峰即元代硕儒邑人胡炳文。

为104厘米。前金柱在同样位置的圆周分别为120厘米和113厘米。梁架简朴，近于草架。正面骑门梁做月梁。梭柱和月梁，看上去朴实无华，其实需要很高的审美能力和很精的制作技术。它们细微的变化，给几何性的建筑结构注入了生命，使它富有肌体的活力。它们的艺术品位远远高于“百工”“千工”的精雕细刻。这是一种古典的、清雅的、静穆的美。我们最感兴趣的是那些柱础，乍看上去跟我们在婺源城里、在延村、在思溪和在甲路村街口见到的许多柱础差不多，黝黑的，很坚实，雕成莲花形。但是，房主要我们仔细看一看，原来它们都是木头做的。我们曾经在浙江省的楠溪江流域和飞云江流域见到过木柱础，不过，形式都比较简单，而龙川书院的木柱础，造型很饱满，朵朵莲花生气盎然。这座书院的建筑水平的确是很高的。可惜，仅仅三年前，房主把前厅拆掉，在原址上造了三间简陋的新房子，说是前厅已经很破败了。现在还能看到原有的三步石台阶。前院和泮池也改成了菜地。

这书院是20世纪50年代初年分给这户当时很穷的人家当住宅的。虽然宽敞有余，毕竟不大方便，所以房主人给它许多改造。正厅的东西次间加了夹层，下面是卧室，上面是储藏室，廊檐下垒起了柴火灶。房主人是个小学教师，很大方地告诉我们，旧龙川书院的匾还存在夹楼上。我们立即搬来梯子，爬了上去，在漆黑一片中借微弱的手电筒光找到了那块匾。匾上只有“龙川书院”四个字，没有上下款。房主人说是乾隆年间的，证据很有趣，说乾隆皇帝某次下江南的时候，曾命隆兴太子在宫里代理皇帝一百天，而隆兴太子曾在龙川书院读书。他在代理皇帝期间，敕赐了这块匾。我们问，这位太子怎么会到这里来读书，他用手指一指南面不远的青山说，他就出生在山那边的村里。这类传说在农村很多，充满了山野气息，当然只能姑妄言之、姑妄听之而已。山那边的邻村叫坑头，是嘉靖年间户部尚书潘潢的故里。坑头在明代有过“一门九进士，六部四尚书”的辉煌历史。隆兴太子的故事大约就是这样附会出来的。县文化局的金先生说，他有可靠证据证明这建筑是元代的，但没有来得及告诉我们。在浙江省，有人说，凡用木柱础的房子，至少不晚于明代。但我们从老木匠师傅处听说，民国年间还有用木头做柱础的。不过，综合地看，龙川书院的建筑确实很古老。残存的正厅，也还有保护的价值。

徽州六邑素来文风很盛，但明清以降，人才大量转入商业并且早年外流，俗谚“前世不修，生在徽州，十二三岁，往外一丢”，所以，虽然光绪《婺源县志》称“十户之村，不废诵读”，大多也只是普及的蒙养教育。婺源的书院，除紫阳书院、福山书院、明经书院、富教堂等寥寥几所有经师讲学外，有名无实，不过是学馆而已。不过，这座龙川书院初建于宋，正是神宗朝范仲淹倡议建书院之后不久，而且建筑规制又如此宏壮，则历史上可能曾是一所比较高层的书院。

除了书院，甲路照例有过文昌阁。光绪《婺源县志·人物·孝友》载，清代甲路人张兆炜，“家贫，日以糜粥或杯豆自度，……业瓷于豫章”，稍稍有点积蓄，“尝于山南庵侧倡建文昌阁，立惜字会。凡有善举，咸乐从之”。乡人对文运仍然是看重的，所以义行善举往往也多以文昌阁、义塾等为先。

不过，甲路村的科名不盛，只在宋、明两朝各出过一个进士，淳祐三年（1243）的张圻和永乐十三年（1415）的张文忠。宋代有个诗人叫张大直，另外有几位读书人。明代有张聘夫，著作很多，有《郧雝集》《易抄》《事文义窥》《史测》《两汉禁脔》《唐书管豹》《三史解颐》《解颐续笔》《解颐三笔》等；张成叙，著《四书尚书讲义》。清代有张之蒙，著《周易象解》《我云诗集》。还有一个张元泮，岁贡生，与戴震、郑牧为文章知己，生平著作多散佚，仅存诗稿。

走出龙川书院，我们重新回到商业街。从房屋临街敞开、前檐有雕花的檐板和装饰着小巧栏杆的银钱柜台判断，这街上过去两侧都是一家挨着一家的店铺。临河的一侧就只有一排店铺，另一侧背后是住宅区。因为村子沿河延伸，商业街又兼徽、饶两州的过境大路，所以长约数里，当年繁华的情况叫人神往。20世纪50年代初期土地改革以后，农村的商业和小手工业都萎缩了，这条街上的店铺大多改成了住宅。铺板门钉牢，银钱柜堵死，台阶上堆满了木柴、鸡笼和家庭破烂，躺着肥猪。楼上挑出竹竿和杉槁，五颜六色的衣裤飘飘荡荡。只有很少几家，刚刚重新卸掉铺板，在门槛里搭一张桌子，卖些日常零碎。老太太或者小姑娘坐在摊子边上，做着家务，跟街上走过的乡邻们招呼。也有些年轻人，扎堆跟看摊的谈笑。这样的街道倒很有人情味。

长街中央，一支河汊横过，在这里造了个桥亭，供过往客商和脚夫们休息，既是对背井离乡外出谋生的人的亲情关切，也是有利于商业的设施。村人也可拿它当作交往场所。

据乾隆《婺源县志》，甲路有洪源桥，张冕建；有南溪桥，张集建；有高道桥，张果启兄弟建；有汪波桥，张彦仪建。县志按："康熙府志有义方桥，在四十三都，甲道镇里人张彦仪重建，疑即此，俟考。"府志所载的义方桥为张彦仪兄弟奉母命再建，又叫"花桥"。

> 上有花亭，宋岳武穆过此留题曰："上下街连五里遥，青帘酒肆接花桥。十年争战风光别，满地芊芊草色娇。"后火，张杲果重建。国朝休宁吴启元花桥道中诗："翠壁丹崖俨画屏，峰峰水底插天青。分明晓过空舲峡，一抹寒山睡眼醒。"[①]

乾隆《婺源县志》又说："万历初亭毁，孙应庚重修。"

所谓南宋绍兴元年（1131）岳武穆诗显然是伪托。但由诗和志看来，这花桥南宋时已有，桥上有亭，和五里长的上、下街相接。徽州习惯，长街往往分段称为上、下街。花桥与上、下街相接，则就在街中段。同时，诗和志都没有说花桥很长，很可能，现在街上的这座小小的桥亭就是当年的花桥。

现在，桥已经十分破败，东倒西歪。街也已经没落，不但早就没有青帘酒肆，连店铺都没有几家了。

① 岳飞时为张俊部属，奉命讨李成，率部过婺源，留下大量传说。

作为一个富有的乡镇，甲路过去还有不少庙宇之类的建筑，现在一无所存，只有道光《徽州府志》有一则资料：甲路曾有过一座忠烈庙，是全县十三座忠烈庙之一。忠烈庙奉祀的是汪华。汪华是隋末起义的割据势力，后来归降唐朝，受封为越国公，领歙、饶、婺、睦诸州，屡立战功，保障地方，因而享庙食千余年。婺源人礼部尚书汪泽民有忠烈庙诗：

锦帆忘返干戈起，天产英雄定六州。
唐诰表忠垂宇宙，宋臣编史失春秋。
风云神异来车马，祠庙蒸尝拜冕旒。
让德固宜绵百世，昭陵无处问松楸。

这种对人神的崇拜是民间崇拜的主流。乡民对玉皇大帝、如来佛、观音菩萨的崇拜，和对五通神、关帝、胡公等等的崇拜都是一样的。

离开甲路，我们向清华镇投宿。半路上见到两座路亭，停车摄影。亭子都是三开间的，悬山顶，四面敞开，木构架十分简洁而明快。可惜已经年久失修，将要倾圮了。在过去，未有公路之前，徽属各县的道路很发达，纵使翻山越岭，依然是石板铺的。山里的茶叶和药材挑出去，山外的盐和百货挑进来，路上行人不断，都很辛苦。因此，和修路架桥一样，造路亭供行人休息避雨也是善行义举。打开《婺源县志》，邑人经商致富之后，终生乐于捐资修建道路、桥梁和茶亭的，连篇累牍，多得数不过来。路亭又叫作茶亭，是因为大多免费供应茶水和暑药，甚至有免费供应草鞋并设炉灶备柴禾的。茶亭大多由个人捐资建造，像书院一样，除了建造费用外，还捐田产，由承租土地的人负责维修亭子和挑水煮茶。也有不设田产而由亭东和他的子孙常年维修、供应。现在修通了汽车路，这些茶亭都废弃了。不久之后，随着它们的完全消失，后人再也不会知道乡土情谊曾经怎样给风尘仆仆的羁旅以温厚的关切了。

黄村

来到婺源之前，我们就听说过黄氏宗祠的“百柱厅”了。1982年，在巴黎蓬皮杜文化中心举行的中国民俗展览，选了它作为宗祠的代表。黄氏宗谱说，它造于康熙年间。[①]

百柱厅在古坦乡黄村，离清华镇20公里左右，我们租了民警巡逻车去。连续下雨，路很泥泞，幸好警车是吉普车，越野性能好，坚持摇摇摆摆地前进。路右有个水库，在春雨中一片凄迷，四周山峦被白云缠绕，忽隐忽现，景色也很动人。车在丛山峡谷里左右盘绕，越走越深，一个小时后，谷地稍稍开阔，向右转过一个土冈，前面一带青山脚下展开一线白色，那便是黄村。相距还有几十米，车突然停在菜地边，原来前面横着一条二十多米宽的溪流，只有两条木板桥。“鸡声茅店月，人迹板桥霜”，诗中的板桥大概就是这种板桥，宋画里可以见到。不过，这天没有寒霜，也没有晓月，有的只是密密的雨丝，在伞上嗒嗒作响。

村子由黄姓人建于明初洪武年间，从20公里外的石门迁来，初名潢川，俗称黄村。以后又有张、薛、吴等姓迁入。[②]

在溪的这边就看见了百柱厅，位于村子的东头。它的布局很典型，由门屋、享堂和两层的寝室三部分组成，严谨地前后排在一根纵轴线上。三开间的门屋是“五凤楼”式的，歇山顶，中央一间高起，前檐一共有四个翘角。在1986年出版的《婺源风物录》的照片中，它还很完好，我们见到，翘角已经坍掉了。门前有个方院子，围着墙，两侧有圆拱门，前沿逼近溪流，只隔一条路。祠墙粉白，很明亮，背靠着树木郁郁森森的少祖山，映出马头墙的轮廓轻快而活泼。这座少祖山名叫珠

---

① 据《婺源风物录》（1986）。

② 据《婺源县地名志》（1985），全村115户，542人。又：石门，亦名石门凹，30户，171人，《新安黄氏宗谱》称，南宋初由邑内黄家墩通灵源迁来。今通灵源已废。

黄村廊桥（李玉祥 摄）

山。百柱厅的西面，小小的村子不过三四十幢房子，有马头墙的天井院不多，大多是三楼三底加一个后披的小住宅，有些是新造的。这种住宅在婺源是最普遍的，比较简陋。

我们过几百米长的板桥，找到负责管理的黄启辉先生（1934年生），开了锁进百柱厅。出乎我们意外的是这祠堂竟是五开间的，规模宏大，构架壮丽。我们立即测量。享堂明间宽580厘米，次间405厘米，梢间210厘米，总面阔1810厘米。享堂前檐廊深340厘米，前后金柱间距615厘米，总进深1310厘米。从大门到寝室后墙长5260厘米。总面积为952平方米。它没有我们在浙江省常见的那种造在门屋的戏台，黄先生说，每逢年节要演戏的时候搭个临时台，位置也在门屋。享堂前伸向院子的一方月台，就是主要的观众席。享堂太师壁上方悬挂着横匾，题“经义堂”三个浑厚的大字。享堂后天井有一道墙，中央开着拱门，门前七级台阶。门洞上做砖门头，字牌上刻着“寝室”两个字。进门有一个狭窄的天井。寝室五开间，中央三间全都敞开，后金柱与后檐之间做神厨供先祖神主。两个梢间用樘板隔出，前檐做通间槅扇。梢间并有夹层，有楼梯，是储藏礼器、祖像、灯笼、幡、帐等用的。梢间前接廊庑。廊庑内又有洞门，下台阶通向享堂后天井的廊庑。这座祠堂的形制并不特殊，但它没有厨房，很使我们困惑。凡祠堂里的重大礼典，都要有三牲祭品，必须在厨房制作。或许，它在后方隔着巷子的一幢房子曾是它的厨房，但现在住着的人家对房子过去的归属和用途一无所知。

我们打开大门的中央门扉，忽然发现，祠堂的轴线不偏不倚正对着一座干净利索的圆锥形小山，叫“金字面”。这正是风水上的文笔峰，以为以它作为宗祠的朝山，“有利于”宗族在科第上的发皇成功。但文笔峰又是“火形”的，所以，百柱厅与它虽然已经隔着一条不小的溪流，还是小心翼翼地再加了一道围墙。在这道围墙内的前院里有四对八棱夹杆石，是乾隆年间旧物。

大门处理很精致。它的结构很复杂，为了正面和背面都有适当的形式、和谐的比例和正确的尺度，它以门阀为界，内外两半分别处理，外半是华丽的三间“五凤楼”，内半是简单的一个三间单檐歇山顶。因为巧妙利用了门屋内板门和墙的屏障，内外两部分不同的形式并不伤它的完整统一。这做法和古希腊的雅典卫城山门异曲同工。

大门又是徽州“三雕”的荟萃。梁、枋和花板有浅浮雕，也有深雕；有几何纹样，也有人物场景。明间门槛两端的石板和抱鼓石的基座都做浮雕。前檐四棵方形石柱的柱础，四面做“搭巾”，“搭巾”内的浮雕分别是“鹭鸶戏莲”“凤戏牡丹”“仙鹤凌云”和“喜鹊登梅”，都是羽类，构图都很富装饰性。大门左右梢间前有青砖影壁，壁身大面贴水磨“富贵万字”砖。上部仿木结构，做上、下枋和垂花柱。枋子表面满覆薄薄的锦纹和“万字不到头”，上面再点缀仙鹤、云头、卷草等。“兜头”做人物高浮雕。雀替为灵芝形。

享堂后天井中通向寝室的拱门，上有青砖门头，前有台阶，左右是

黄村黄氏宗祠剖轴测图

装槅扇的廊庑。这个构图似乎很简练，却饱满而多形体、材质、虚实和色彩的变化。门头上也做雕饰，与大门影壁相仿，有锦纹和“万字不到头”作底，很像延村住宅的砖门头。

享堂的大木架显得粗糙，比例不够均匀。前后檐都做卷棚轩，富有雕饰。享堂柱子周长大约一米半有余，柱础有莲花形、如意云纹等多种，雕得深，立体感强，棱角锋锐，线条肯定而又丰满有张力。明间两棵前金柱的柱础，左边的用青石，右边的用白石，大约是象征青龙白虎。梁枋上满布雕刻，有“鹿鸣幽谷”“狮子滚球”“鳌鱼吐云”“龙凤呈祥”等题材。

整个祠堂，包括享堂前的两翼敞廊，都安装吸壁樘板。除享堂和寝室的中央三间以及门屋和敞廊地面铺青石板和金砖外，其余都用木地板，显出林区的特色。青石板质地很好，坚硬致密，也是本地产品。享堂前

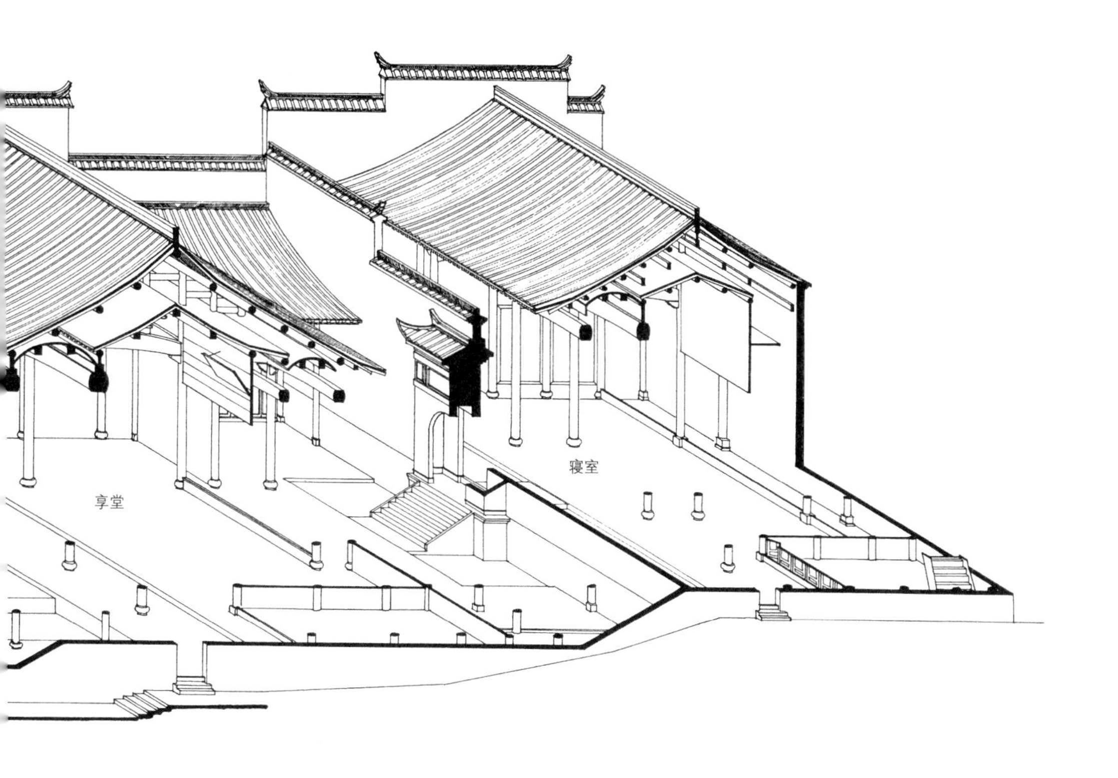

沿的一块青石板，竟有6.4米长，0.4米厚。院落、天井和道路也都铺青石板。享堂和寝室等处的金砖墁地，是明代和清代早期的本地做法。

黄村不靠大路，位置偏僻。人口也少，到1949年，才只有九十来户。据黄启辉先生说，村子一向很穷。跟其他村落不同，生意人很少，大多靠卖脚力，当茶工和种田。村子里只有几家天井式的住宅，其余都很简陋。在这样一个村子里，造了一座远近闻名的宗祠，连黄村人自己都觉得奇怪。所以他们传述着一个故事：清代初年，全村人集资造这所祠堂，好不容易造到封顶，没有钱了，于是，木工、瓦工各种工匠散伙回家。爬过一道岭，大家正在歇亭，遇到了回村过年的"翰公老"。翰公老叫黄声翰，是专做捆排流放的木材生意的，赚了不少钱。他把工匠们拦了回来，耗尽全部资财，将祠堂造成了。初造成的时候，寝室前拱门的台阶有九级，叫"九步金阶"。附近岭下村一个财主告密，说黄村“私造金銮殿”，有谋反的意图。翰公老这时已经没有钱打官司，只好改成七级。并且请康熙朝文华殿大学士张玉书题了匾，“经义堂”三字，悬挂在享堂正中，这才免了一场大祸。张玉书少年时，母亲在翰公老家当佣人，翰公老资助他读书，所以他在翰公老困难的时候报了恩。可惜“文化大革命”的时候，“经义堂”三字被铲掉了，现有的是近日重做的。

这样大同小异的故事在农村很多，当然不大可靠，但它们说明，虽然宗祠一般都拥有大量田地为祠产，用作宗族的各项公益活动，包括兴造宗祠，农村建造大型公共建筑，还必须有外出经商的富人慷慨解囊，还要有权势者支持，只靠小农经济下的种田人是办不成功的。至于“金銮殿”的公案，是乡民夸张祠堂雄伟壮丽的常用说法。也可以看出封建等级制在建筑上的表现。总之，小山村造大祠堂，表征着宗族力量强大。但全村只有一座宗祠，这就又显出黄村经济力量的薄弱了。

那天大雨不止，百柱厅里几乎处处漏雨，雨水顺柱子往下流，柱子闪着水光。有些构件早已因漏水而糟朽了，享堂角落里就堆着些雕成灵芝草的梁托之类的构件，是替换下来的。黄启辉先生说，自从百柱厅被定为文物保护单位之后，一共拨来过三四千元维修费，今年之初换了享堂四根檩条，光人工钱就用了一千多元，还要加上木材费。目前连修漏的力量都没有了。我们在享堂前的东庑墙上看到一块木牌，隐约可见是《长养条规》，立于“道光元年二月二十一日”，正文都已漫漶，勉强只辨认出“以警强横者”五个字。一百五十年后的“文化大革命”期间，“强横者”破坏过它的雕饰，把人物都砍了头。房子幸而存下来了，现在，为了“长养”，不知能有什么办法。

黄村没有商店，我们事先打听清楚，带了干粮。向村人讨了两壶开水，简单吃饱肚子，节省了许多时间。饭后与黄启辉先生聊了一会儿天，就出去看一看村子。

村子的格局很简单，只傍溪一条路，沿路北伸展开狭长的村子。跟这条滨河路平行，北面还有一条断断续续、曲曲折折的小巷，它北侧住宅好一点，也都是延村模式，仍然把功力放在槅扇的雕刻上。南侧大多是小型住宅，进门就是堂屋。

在一家避雨的时候，见到一个小男孩拿着一枚小小的木棰玩。木棰是正立方形削角而成的十四面体，装一个竹柄，染成紫色。据说新屋上梁仪式时，木匠头和瓦匠头在梁上向下抛馒头，就夹着一些这种木棰。我们以前没有见到过。孩子的父亲说，向下抛馒头，下面的人若伸手从空中接，动作像抱拳作揖，若弯腰在地上捡，则像躬身打千。作揖打千，都是祝贺致礼的动作，可增加吉祥气氛。我们以前没有听说过。我们用一柄新牙刷向小孩换了木棰带了回来。

溪水由西向东流，村子的水口在东端，离百柱厅还有几十米，曾经有过一座玄天大帝庙，和一座兼作义塾的文昌阁，不大，“文化大革命”中都拆掉了。也有过“文笔”，在东南方四里外的山顶上，从村子的河边可以见到。文笔是砖砌的六边形，实心柱体，有收分，两丈多高，上面一个攒尖顶，仿毛笔形。清代高见南撰堪舆书《相宅经纂》里说：“凡都省府县乡村，文人不利，不发科甲者，可于甲、巽、丙、丁四字方位上择其吉地，立一文笔尖峰，只要高过别山，即发科甲。或于山上立文笔，或于平地建高塔，皆为文笔峰。”其中所说“山上立文笔”，就是这种墩子，不同于文峰塔。文笔在婺源很普遍，大约由于造价低于文峰塔许多。它们在“文化大革命”中全被炸毁，包括黄村的这一座。

溪上只架着两道板桥，东端的一道，正对着一条小巷，巷口有雕镂精致的一间过街楼，这是村口。过道里左右设木条凳，显然，这里是村人们闲坐聊天的地方，闷热的夏天，溪上凉风穿堂而过，翰公老和“九步金阶”的故事就在这里一代一代地传下去了。

村口往东，有一座水碓。溪水推着木造的轮子缓缓转动，透出古气。水碓房里有杵臼和石磨，千百年来都一样。另外有两排炒茶叶的大锅，一排八口，用一个连轴带动八个小刷子炒茶叶。烧火仍然用人工，每口锅下有个柴火灶。这算是村里最新的设备了。水碓炒茶，我们是第一次见到。

康熙《徽州府志》里有一首清休宁人吴启元的《新安江行》诗：

> 新安水绿人家晓，春山寂寂惟啼鸟。
> 村庄儿女焙茶忙，满地松阴长不扫。

我们到黄村，正是清明时节，头道春茶刚刚采完炒干，可惜没有能见到炒茶的情景。

黄村只有两道板凳式木板桥，这种桥至少已经有一千年的历史了。它很简单，倒也很巧妙。它由桥板和桥脚组成。桥板是用六七根杉木并排拼成的，宽只有两三尺，长大多为一丈，少数为一丈二尺。桥脚是两根圆木，外撇成八字形，互相间由两根横枋捆绑固定，其中一根在桥脚的上端，上面砍平。桥脚并不埋入溪底土石中，只是搭桥的时候一面立桥脚，一面稍稍挖一挖，成个浅坑，只要架上桥板，扶正，也就站住了。一副桥脚的上枋之上搭前后两块桥板，用楔子定位，再用藤绳或竹篾绳把桥板和桥脚系牢。桥架好之后，用一根粗大的竹篾绳从头到尾把所有的桥板整个串起来。这根大竹篾绳一端固定在岸上的石桩上，另一端是自由的。平水期，它松松的，不起作用，大雨下泻，山洪暴发，桥会被冲垮，但因为大篾绳一端固定、一端自由，所以桥板、桥脚不会被冲散，只是顺流转90度，靠到固定端的岸边漂着。待水退之后，桥板和桥脚都还在，可以重新架搭。婺源林木资源丰富，而且山区水溪不深，都是卵石底，搭这种桥不要熟练技术，一般农民都会；涨水时间不会很长，乡人生活又粗放，所以，它长久地被沿用下来，不但在农村常见，在县城也有两座。近年来，用铁链代替了那根长长的竹篾绳，是唯一的改进。据《县志》记载，这种竹篾绳是婺源人发明的，本来用于扎木排流放。木板桥还有一个巧妙之处，就是搭好之后，用撬棍拨动桥脚，使整个桥略呈弧形，以弧顶迎向上游。这样，溪水下冲时，桥会像拱结构一样，越冲越挤得紧密。它被冲垮，主要是水位高了之后，冲力中心上移，桥脚被掀翻。

傍晚离开村子的时候，在桥头遇见一位中年农民，戴青箬笠，穿棕丝蓑衣，斜风细雨中背着犁耙过桥回村，俨然唐人诗中人物。我们在水碓木轮迟钝的吱哑声中走过板桥，再回头一望，百柱厅依旧巍然，只坍了翼角。

秋天，我们再来的时候，东边的木桥，就是靠近百柱厅的那座，正在改造为钢筋水泥的拱桥，据说是为了开发百柱厅的旅游。但它完全破坏了百柱厅的历史环境。村子西半，水碓上游，沿溪搭起木架，向水面挑出一长排杉槁，上面放满了晒垫和笸箩。在它们的影子下一大群妇女在溪里浣洗，叽叽喳喳，欢声笑语，充满了生趣。

洪村

隔了一天，我们又租了警车到洪村去，村离清华镇12.5公里，在延村和思溪那两村小溪的上游。据1985年《婺源县地名志》，洪村有87户，430人。车行四十多分钟，翻过叫作“五峰聚讲山”的几道树木茂盛的山岭，下坡一转弯，就到了洪村村背后。我们在婺源农村很少见到新房子，为数不多的一些，样式也很古老，大多是三楼三底加后披。在洪村村背一下车，第一幢房子竟是相当大的新“洋房”，五开间，两层楼，大阳台，高台阶，宽敞明亮。这就是村长的家。村长带我们到村民委员会，办公室门窗紧闭。推门进去，漆黑一团，打开窗子，浓厚的蓝烟迎光扑去。定一定神，见长沙发上和椅子上躺着几个人，都是村干部，原来是昨夜打了通宵纸牌，刚刚睡下。地上丢一层过滤嘴烟头。我们没有停留，就出来了，村长的父亲，一位极和善但不爱说话的老人，陪着我们。

洪村是洪姓聚落，北宋元祐从霞港迁来建村。它位于一个狭窄而曲折的山谷里。一条小溪，只有三米来宽，从西面来，到村头略略向北弯，突然宽了，然后弯向正南，又渐渐变窄，把小溪逼成弧形的是一座孤立的小山，蓊蓊郁郁，植被保护得很好，这是村子的案山。跟它相对，溪的北岸，便是村落了。村落在反弓水的位置，从风水上说是不吉利的。但是小溪源头很近，流量不大，当然没有多少冲刷力，对村子还不会形成实际的威胁。村前沿溪是一条石板路，溪岸用石块衬砌，使村子更加安全。春季，溪水涨满，细雨打来，村子的倒影模模糊糊地洇开。秋天我们再来，却见到了意想不到的景象：溪里搭上木架，满堂堂整个成了晒谷场，一片金黄。

村子就沿这条溪边道路延伸，略呈凹弧形。沿溪南岸也有石板路，但没有房子，只有田地。这个布局跟黄村一样。从村头到村尾，弯弯地大约150米长，这一段里，溪面宽到七八米左右，上面架三道石板桥，是下田劳作用的。光绪《婺源县志》载，清代人洪应佷，经商，“村地滨河，恒病涉。族人有奇，输谷为造桥赀，赖佷生殖置田永建桥亭，行人利济，乡族嘉之”。这其中大约就有村中的三座桥。

洪村目前还产木材。村边有锯木厂，村外有许多木垛。地边、路边、溪边，晾晒着锯开的木板，到处闪着金光。不知满山苍翠，还能维持几年。

我们循溪边石板路从西走到东，出村再向南走一百多米，来到水口。这里有一座风雨桥，桥身是个大石拱，五间桥亭，三间在桥上，两头各一间落在桥堍。开间阔2.55米上下，跨度大约3米。构造匠作跟甲路路亭一样，非常简洁明快，虽然已经破败不堪，依然让我们喜欢。桥拱的龙门石上，隐隐可以见到刻着的字迹。我们倒挂身子，小心翼翼抠掉苔藓，看出中央“居安桥”三个大字，小字是“大明正德岁在□□菊月吉旦洪良书”，桥的年龄将近五百岁了。桥亭内原有禁石两方，一方是“嘉庆十五年四月二十七日示：奉宪永禁赌博”；另一方是“道光四年五月初一日光裕堂衿耆约保立”的“公议茶规”。这两方禁石现在横倒嵌砌在村门的八字墙上。从茶规看，当时洪村出产的茶叶叫“松萝茶”，是婺源的极品名茶，来收购的茶客很多，宗祠设公平秤，主持公卖公买，“如有背卖者

洪村沿河村景（李玉祥 摄）

查出罚通宵戏一台、银伍两入祠”。以出资演戏作为乡规民约的罚则，在南方很普遍，反映出宗祠很重视乡民的文化生活。

居安桥西北不足二十米，有个高高的土堆，上面长着几棵浓荫蔽天的大树，土堆前，面对着桥，有小小一间房屋遗址，只剩下断壁残垣，约略可见外墙面曾是红色。我们问老向导，说是胡老爷庙。胡老爷传说是南宋时婺源城里的一个屠户，也是一位能预卜休咎祸福的异人，元时曾封为“灵应王”，被屠宰行业奉为老祖。老向导说，水口原来还有文昌阁、贞节石坊和一个水碓，叫下水碓。村子的西口，也有桥、亭、水碓和贞节石坊，那水碓叫上水碓。这些都在“文化大革命”中毁掉了。我们在村口见到一块铺在地面的石碑，刻着“上至南坑口亭下至下水碓碣奉宪养生”，是“嘉庆十五年四月二十七日示”。在这段溪流里，不许捕鱼。下水碓碣在水口居安桥下游大约十余米，现在还有。但南坑口亭不知在什么地方。我们溯溪西南行一里多路，过一个窄小的山口，进到四面丛山围合的盆地，全是水田，这是洪村的粮食基地，叫作南坑。溪水就发源在四周的山

洪村溪边住宅（李玉祥摄）

上。在盆地东部，离山口不远，现在还立着一座小小的桥亭，三开间，刻石“引秀”，是桥名，“顺治庚子秋立”，那是1660年，至今也有三百多年历史了。这里可能是村子的“天门”，离村两里路光景。我们在亭子上游不远处见到与许多墓碑一起铺路的一块禁石，刻“加禁养生”四字，是“同治二年（1863）吉日”立的。看来南坑口亭或许就是引秀桥亭，是天门建筑群之一。从这里直到村西口，溪流宽度都不足三米，即使不养生，怕也没有几条鱼可捕。

洪村的临河立面很玲珑可爱，风格清新，和黄村相仿，但比黄村整齐，而且体形、轮廓的变化也更大一些。这个立面有两个重点，就是两个日常交往中心。近西端的，是座两间的街亭，一面坡的屋顶，临河架坐凳栏杆；近东端的，是村子正门。婺源乡村中的公共交往中心极不发达，洪村居然有两个，虽然都非常小，也很难得。黄村以巷子口上的过街楼作村门，门洞里设坐凳，而洪村的这个，却是个三楼牌楼门，砖砌，拱门洞，两侧有八字墙，形式很活泼轻快。拱门匾刻“长寿古里”四个字。门前有一道大约七米长的石桥，桥面两侧有石条凳。我们在洪村工作一整天，只要雨稍稍停一会，就见桥上有人聚堆，而且都是青壮年，抱着胳膊闲聊天。我们离村的时候，天上云薄了，村门前和桥上竟聚集了四十来个人。

离村口不远，地面的铺石中有一块刻有字迹。我们冲洗了一下，可以读出全文：

下山硔坞山场初新众清业今被误烧经中挽情勒石嗣后内外人等毋许入山侵害如再犯者重罚

光绪十三年经中约立

这是为保护山林而立的乡规民约，当年应是宗族主持的。加上禁赌、养生、整顿茶叶买卖的那几块碑，可以看出宗族对乡村生活的管理是很细致的。我们想起在延村听到的，猪、牛不许进村，疏浚上下水道，定期打扫卫生等事情，宗族对村落和它的环境的管理也是很细致的。而且宗祠有可观的公产，可用于村落的维修。可惜这些事现在都没有人管了，以致村落现状很肮脏破烂。村委会办公室的一地烟头，使我们只有苦笑。

村子前沿的滨河路略呈弧形，路边的房子都面向案山。但案山顶部比较平且长，风水术中称“土形山”。据“五音姓利说”，洪姓为宫音，属水，土克水，所以家家房子的院门都向西偏一个角度，避免正对案山。风水术的说法，院门的朝向代表整幢房子的朝向，只要院门偏一点，就等于整幢房子偏了一点。风水迷信所以能够长期流行，原因固然很多，但它的易于操作是很重要的原因之一，多大的灾祸只要稍稍处理就都能禳解。村门也偏向西南。我们站到门洞下向前望去，视线擦过案山，穿进山口，直趋南坑。显然，南坑是洪村的“明堂”。风水术要求明堂宽阔，又能藏风聚气。南坑是这条山谷里最大的一个盆地平川，盛产粮食，四面又被层层叠叠的山峦围着，是真正的“聚宝盆”，很好的明堂。风水术说，村门关系全村的兴衰，寄托着村民的企望，选一个好朝向是件大事。

进村门，入巷子不到二十米，是个方场，右侧一道拱门，过门便是大宗祠了。大宗祠左侧是一座小宗祠，它的左侧是一幢三进的花厅，非常华丽。大宗祠的大门前檐已经破败，失去原貌，被一道粗糙的粉墙封住。小宗祠大门的青砖门头是三间三楼式，雕刻十分精致，但祠名在“文化大革命”中被用一种白色涂料糊住了。小宗祠的名称，没有人知道，只能隐隐约约辨认出一个“祠”字。老向导倒知道它造于道光十八年（1838），是第四十代分房出来造的。我们在村门前石桥南头地上发现了一块石匾，刻着“忠靖祠”三个字，老向导说这就是大宗祠的。但大宗祠的大门是一座木结构，这石匾不知道原来安在什么位置。闲看我们工作的青壮年对他们的村子毫无兴趣，见我们打听宗祠的名称，觉得滑稽，发出一阵哄笑。我们当然也没有能弄明白那座“花厅”的用途，只好信向导的话，认为它是接待官府贵客用的。一直到秋天再去的时候，才承县文化局的金邦杰先生告诉我们，大宗祠叫光裕堂，小宗祠叫三昼堂。

光裕堂的布局是一般化的，有门屋、享堂和寝室三部分。都是三开间的。总面阔13.5米。寝室已经完全坍毁，大门正面残损但木构大部分还完好。这座祠堂的大木构架的精美极为少见，很使我们感到意外。大门以门槛为界，外半是卷棚轩，内半中央是个覆斗式藻井，四面都有小巧的斗栱。它朝院落的一面还很完整，做法和黄村百柱厅的正面一样，是“五凤楼”式的，中央高起部分用“米字拱”形成网状，两侧用斜出的插栱层层叠压在一起。梁和花枋上满是雕刻。院落的左右两廊和享堂的前后廊也都用卷棚轩，月梁、梁托、檩垫和斜撑等的造型极富装饰性，而构件和它们的组合不失清晰明确。有繁有简，相互衬托，分寸感很强。享堂的前后金柱之间，也就是五架梁以上的梁架，尤其优美。疏朗舒展，匀称和谐，全靠构件本身和它们的组合的美取胜，不做繁华的雕饰。5.4米长的五架梁，高度只有长度的1/12，做成月梁，曲线流畅

洪村住宅（李玉祥 摄）

而柔和，非常轻快。三架梁也是月梁，同样的流畅而柔和，位置约在瓜柱高度的2/3处。梁头在瓜柱外侧有象鼻形的出榫，很长，好似一个水平连系构件，卷曲得有力而且生动。只有瓜柱底的花篮形驼峰做丰满的雕饰，它们和象鼻形出榫及脊檩下的云板这些装饰性构件一起，反衬出梁、柱等受力构件的简朴有力，使梁架的结构逻辑脉络分明，并且兼具阳刚和阴柔的美。连日来看多了堆砌雕饰的建筑，这座光裕堂享堂使我们感到清新。黄村百柱厅的梁架做法和光裕堂享堂的一样，但艺术的精审敏感比洪村光裕堂差，显得有点粗笨。享堂的前檐柱向两侧让出，骑门梁长达9.6米，两廊的过海梁横跨三间，长达9.5米，也都做月梁，而高度竟分别只有长度的1/15和1/20，看上去潇洒得很。

光裕堂前的小广场里有六对旗杆石，中央三对刻着“恩科甲辰”“奉政大夫”“朝议大夫”。广场右拱门外还有一对旗杆石，左侧对面菜地里有两对。我们在小宗祠左边的“花厅”的楼上找到一块鎏金的大匾，题着“四世大夫”四个字，是“赐进士出身诰授资政大夫工部左侍郎前任安徽全省学政加五级纪录五次沈维鐈”题赠的。这四位大夫是“貤赠奉直大夫处士洪永祥、诰赠奉直大夫处士洪永禧、貤封朝议大夫职贡生洪立登、诰封朝议大夫内阁中书洪钧”。建匾日期是道光十八年岁次戊戌仲春月谷旦，正是老向导说的造小宗祠的那一年。

查光绪《婺源县志》，洪钧是嘉庆十三年戊辰（1808）恩科江南乡试举人，曾经当过内阁中书，乞养南归。洪立登是他的父亲，一个大商人，长期住在金陵。又载洪钧长子洪炳也在金陵经商，是个“巨富”，并在姑苏有典肆，弄了个候选兵马司正指挥加三级的虚衔，诰封朝议大夫；三子洪炘弄的是盐提举衔、亳州司训，“恭遇覃恩”加一级，诰赠奉政大夫。《县志》说立登“五世一堂”，则洪永祥、洪永禧可能是洪钧的曾祖父和祖父。建匾的时候大约两个儿子还没有得到诰赠，否则是五世大夫了。这大夫头衔显然是花钱买来的，因为立登的先人数代都是金陵富商。至于那个甲辰恩科，应是洪镇，道光二十四年（1844）恩科江南乡试举人，曾补福建南靖知县。

《县志》说洪立登热心捐资兴建，曾命洪钧在金陵购地增置贡院号舍及提调公馆，因此奉旨准建“乐善好施”坊。父子在婺源创建考棚，重建城垣、文公阙里，立社仓，造岭路、桥梁、茶亭等等。光裕堂是他们重修过的，那座“三昼堂”和“花厅”是他们兴建的。[①]这“花厅”其实是洪钧的私宅。

“花厅”的建筑倒是与一般稍有不同。它前后三进，第一进是门屋，有樘门，第二进是穿堂，第三进正厅。前两进都是两层。第三进有第三层，左右次间都是粮仓，中央明间是晒楼。梁枋和槅扇的雕饰很华丽。

洪钧在家乡的一件重要事业是建设了一个刻印图书的“出版企业”。据说当年的出版发行量还不小。村民还说得出的书名有《朱子全书》《汪绂全书》和江永的著作。洪钧逝后，产权全归洪氏宗族。但现在已经没有人知道刻印作坊的旧址，只有少数人知道它叫“一经堂”。

其他住宅，形制和延村、思溪的也不完全一样。三间两厢的，前面没有延村那么宽的披檐，而且多有带倒座的，成了天井式四合头。四合头里进的三间，中央的叫上厅，左右叫上房，外进三间分别叫下厅和下房。下厅即门厅。厢房前檐全面有槅扇装修。前院、后院、晒楼等都有。

门厅中央设一道樘板门，两扇，平日不开，从左右出入。从大门进来，要绕一个弯。据风水术，煞气像鬼一样，只会直走，不会拐弯，所以樘板门可以挡住煞气。万一煞气溜进了樘板门，也会掉进天井淹死，因为煞气不会游泳。所以天井即使只有二三厘米深，而且没有水，也一定要称井。遇婚丧大事要开中央两扇门，这时为防煞气乘隙而入，就得采取些措施，例如，门槛前放个火盆，新媳妇要跨过火盆才能进来，煞气就烧跑了。此外，门厅加一道樘门，平面像个“日”字，堂屋有一道太师壁，平面像个“曰”字，门厅和堂屋在一起形成一个“昌”字，这也是《鲁班经》所要的吉相，所以堂屋一定要比门厅宽一点。

---

① 立登入祀报功祠，洪钧入祀乡贤祠。立登享年89岁，道光十五年赏五世同堂的“七叶衍祥”匾及缎匹银两。

像许多村子里的情况一样，光裕堂如今被当作木工作坊。它的墙上画着许多住宅的设计图，大多是剖面图。从这些图上可以看出，楼上的高度，往往只及楼下的一半。有一幅是楼下一丈一尺，楼上六尺二寸。屋面分阴阳坡，前坡檐椽“100之46水”，后坡檐椽“100之50水”，前坡比较平缓。从栋柱到前檐柱比到后檐柱长八寸。前后柱都略向内倾，前柱上下两屋共倾六寸，后柱倾五寸。我们在农村很难找到精通传统建筑的老匠师，这些剖面图成了珍贵的资料。

小木装修和它们的雕刻，依旧最引人入胜。我们辨认着护净和槅扇锁腰板上雕刻的故事情节，津津有味。在村门西侧的一座住宅里，厢房槅扇上竟雕着一套六幅《西厢记》，这很让我们大感兴趣。宗祠和住宅的装饰题材，不是吉祥，就是忠孝节义，像西欧中世纪哥特大教堂的雕刻那样，作为“傻瓜的圣经”，是要起教化作用的。“渭滨垂钓”“古城相会”“三娘教子”和“隆中高卧”，都是社会伦理教育的启蒙教材。至少，总不该有“诲淫、诲盗”的作品。住宅是妇女的樊笼，尤其不可以让她们有一点点青春的觉醒。林黛玉在应酒令的时候失口说了一句《牡丹亭》的“良辰美景奈何天”和《西厢记》的“纱窗也没有红娘报”，被薛宝钗抓住了把柄，便要黛玉跪下，“好个千金小姐，好个不出屋门的女孩儿！满嘴里说的是什么？”又款款地教导她：“最怕见些杂书，移了性情，就不可救了。”然而在洪村的这幢住宅的闺阁之前，竟堂而皇之地刻上了《西厢记》故事。看了这些情节，“你便是铁石人，铁石人也动情”，而婺源一向是以“程朱理学之乡”为极大的光荣的。

这件事情倒是又一次让我们知道了文化现象的复杂性。生活远比书本复杂得多。既然《西厢记》和《牡丹亭》能透过森严的壁垒进入荣国府大观园，被两位“千金小姐”熟记，那么，它们能进入寻常商人之家就不难理解了。维持封建伦理关系的程朱理学，并没有能一手遮天，涵盖一切。任何时候，任何地方，文化都是一个复合体。婺源的乡土文化里，有占统治地位的上层雅言文化，有从徽商的经营和生活中产生的市井文化，也有农民的民俗文化。婺源的建筑中，徽商的

洪村廊桥（李玉祥 摄）

市井文化的成分很重，而且愈晚愈重。这不仅表现在住宅形制的封闭和过于堆砌炫富的装饰上，也表现在雕刻的题材上，它们总有一股突破雅言文化的倾向。那时流行的反映徽商市井文化的徽剧和“地戏”，就有不少表现男女情爱的剧目，这些戏剧，并不禁止妇女观看，而且由“串堂班”把它们送进了住家。槅扇锁腰板雕刻的题材大多来自戏剧，不经意中就把《西厢记》也选上了。一方面用高高的粉墙来禁锢妇女，用旌表节烈来扼杀妇女的生活欲求；一方面却雕刻了《西厢记》，这个古怪的矛盾，是徽商长期外出的实际生活和他们比较开放的文化心理之间的矛盾，是市井文化既摆脱不了雅言文化的统治却又悄悄摆脱它的统治的矛盾。它反映的是初期的资本主义萌芽因素与古老的封建关系的矛盾。

我们离开洪村的时候已经是暮霭四合。回头望去，高高的山峦呈墨绿色，衬着村落像一小片白色的斑点。亮蓝色的炊烟，却高高升起，散成淡淡的一大片，又缓缓消失。这小巧玲珑的村子，多么孤独、寂寞，连收购茶叶的客人，也早就不来了。有谁能想到，这座深山沟里的冷村，不但曾经盛产名茶，而且曾经是一个重要的出版中心。

出了“五峰聚讲山”，迎面便是大船槽山和小船槽山，它们在全县“龙脉”，即先后结穴于朱子祖坟和学宫关系全县文运的那条主脉的中段，明代晚期，因为全县科名不振，诿过于乡人在这两座山开石烧灰，官司屡申严禁，不许“刁民”继续采石。直到清代中叶，还有“护龙”大案。但现在，这两座山附近开设了水泥厂，山已经炸去了一半，剩两片苍白色的断壁矗立着。风水术的那一套迷信的玄话，在山村里已经被村民的实际生活抛弃，没有人信了。

凤山村

没有杏花杨柳，清明，天亮前惊雷暴雨闹得很凶。我们早起看天，服务小姐发笑，说，山区的天哪里看得准，何况又是春天。商量了一下，我们决定还是出行。找到清华镇镇长，姓谢。他答应派车送我们到凤山村，那里有一座塔。并请镇调研员俞先生陪我们一程。

凤山村离清华镇25公里，距县城70公里。在浙源乡，是浙水的发源地，源头的高山叫浙岭。浙水在清华镇东面不远处注入婺水，最后流向鄱阳湖，并不流向浙江。小车沿着浙水走，一路细雨如烟，山野朦胧，偶尔有几株大树耸立在水边，呈淡蓝色。菜花已经零落不堪，变成了一串一串的种荚。山坡上，坟丘累累，都插一竿细竹，梢头挂一陌纸钱，奇怪的是竟没有被雨水冲光。走了一小时，拐过一个山脚，见到一块石碑，上面刻“孤坟总祭”四个字，插一圈竹竿，纸钱也都还在。再一抬头，就望见凤山村的龙天塔了。

到了乡政府，空无一人。喊了几声，来了一位老先生，说今天放清明假。请他找来了乡长，姓李。俞先生和汽车回清华镇去了，乡长陪我们参观。

凤山村在一条山谷里。浙水大致由东北而西南流过，略略走一点弧形。水宽约莫三十多米，可以流放木排。从婺源到屯溪的一条山路在这里傍浙水西北岸走过。凤山村傍水沿路，像甲路村那样。

凤山村是查姓的聚落，《婺源查氏统谱》载，北宋初，查文征三世孙从附近查村迁来。因为地处凤凰尖南麓，故名凤山，又称山坑。[①]村里也是出外谋生的人多，主要经营茶叶和木材。光绪《婺源县志》说，从明代晚期到清代，婺源的木商多为皇商，就是替皇家采办木材。如明代“凤山人查公道，为官商贩木，缘事拟戍”。陈眉公《冬官纪事》里有一篇乾隆十二年（1747）湖南巡抚杨奏稿，指责当时皇木商借口采运皇木，轻价勒买，并夹带私木，逃避纳税，运到江南一带私卖。运输途中，磕撞船只，骚扰州县，派夫拽筏，劣迹丛生。明代大约也是如此，所以这位查公道才会“缘事拟戍”。

虽然有受到惩办的，毕竟还是发财的多，所以过去凤山村很富。它的建筑，在浙源乡，甚至在整个婺源县，都是比较好的。查氏宗族兴旺，有十三个分支，在总祠外还造了十三个分祠，所以号称“查氏十三门”。可惜现在只剩下半个总祠和半个分祠，其余的都在近几十年的社会大动荡中毁光了。

村子的布局很清楚，它沿溪沿路伸展很长。东北端是查氏总祠，叫“上祠堂”，门前有石桥，县志称孝善桥，查经建，查尚庆重建。西南端是水口，有“下祠堂”和关帝庙、孝子庙、张巡许远庙[②]和汇源庵等。也有一道石桥，道光《徽州府志·营建志》载：“报德桥，在凤山孝子祠前，宋御史查元建。”这桥就是水口桥。不过现在已经改成了钢筋混凝土的公路桥。过桥，村子的东南方，也就是巽位，造了一座文峰塔。光绪《婺源县志》载：清人查启昌，轻财仗义，“文昌帝君本里

① 据1985年《婺源县地名志》记载，村中287户，918人。又查村，南唐宣歙观察使查文征，弃官从歙县篁墩来婺之弦高镇（今县治），见廖坞岩壑幽秀，遂居之。数年后又迁建查村，距凤山村1.5公里。今有60户。

② 徽州各地多张巡、许远庙，或称“将军庙”。多有庙会。旧历正月初九为二将军殉难日，庙会于初八、初九、初十举行三天，称“上九庙会”。也有在七月二十四日前后举行三天的，纪念二位将军的一次战役胜利，称“将军会”。

久缺专祠。昌念文运悠系，典制宜崇，因不惜重赀创建殿阁，观瞻肃然”。据惯例，这文昌阁也应该在水口，尤其应在文峰塔旁。祠和庙都被拆光，只有塔还在。光绪《婺源县志》载，凤山水口有汇源庵，“查公艺建，施长生茶，庵前又建文笔峰及养生潭”。查公艺是清顺治间人，《婺源风物录》说文峰塔建于明万历年间[1]，则查公艺建的文笔峰不是这座塔。婺源的文笔峰一般并非塔，而是一座实心的柱状体，砖砌，上载攒尖顶，仿笔。然而所记文笔峰的位置与塔相类，二者重复建造，不大可能。我们没有能弄清这个谜。[2]

在上祠堂和下祠堂之间，有一条长达两华里的商业街，两侧商店比肩而立。东侧的商店背面临水，西侧的背面是住宅区，向山坡渐渐升高。街的中央有过一座分祠，它以北叫上街，以南叫下街。像甲路村的商业街一样，它已经冷落，商店改成了住宅。近年来，下街的西南端商业稍有恢复，也是以摆摊的居多，卖些廉价的日用百货。还开了几家饭铺，主要供村乡干部们吃喝。在过去，这条繁华的长街，除了供应本村商人眷属日用之外，还供应附近一大片农林业地区的需要。20世纪三四十年代，村里出了一批军官，都是军校出身，他们的家属也是商业街的重要顾客。

查氏总祠也是顺治时人查公艺建造的。光绪《婺源县志》载：“先是，族无宗祠，公艺挥金命长子兆光创成，不假旁助。”这位查公艺是个商人，“生有奇禀”，急公好义，乐善济困，还曾独资修复县城儒学的棂星门和紫阳书院。查氏总祠现在办了凤山中心小学，这天也放清明假，李乡长叫人来开了锁，陪我们进去看。穿过一排灰砖的新教室楼，后面就是查氏总祠的享堂大厅，堂后有寝室，两层楼，以前是供奉神主的地方。新的灰砖教室楼占着不久前拆掉的原来前厅的位置，门屋的位置早已辟为运动场。这座总祠原来前后有四进，都是五开间，用斗栱，

① 不知所本。

② 塔旁山顶有当今伟人纪念塔一座，造于1976年，形制全同文笔，或者是当年文笔旧址。

规格大大逾制。不过朝廷的种种规定，在农村大多并不严格遵守。

李乡长被找去接待县水利局局长了。来了乡党委查副书记陪我们。由于享堂的高大雄伟很使我们觉得意外，所以决定测量一下。测量的结果是，面阔：明间710厘米，次间415厘米，梢间370厘米，总面阔1495厘米；进深：前檐廊430厘米，前后金柱距690厘米，后檐廊205厘米，总进深1325厘米。金柱高约563厘米，胸围171厘米。前檐柱反常地比金柱粗，胸围达181厘米。大厅的规模确实很大。

地面铺大块青石板，大厅明间阶条石长495厘米，宽98厘米。厅中央的一块拜石，大约230厘米见方。凤山的青石板质量很好，坚硬细密，过去远销清华镇一带。

像甲路村的龙川书院那样，查氏总祠享堂的柱子全部都是梭柱。五架梁是月梁。月梁在婺源普遍使用，但梭柱我们只见到龙川书院的和这里的两处。本村人把梭柱当作明代建筑的典型特征，或许是恰当的。当然，也可能更早一些，金邦杰先生就曾鉴定龙川书院为元构。

享堂前檐用斗栱，除柱头科外，明间有两组平身科，次间和梢间各一组。此外，梁架的做法与黄村百柱厅和洪村光裕堂相同，最大的特点是梁都低于柱头一大截，檩条落在柱头上而不落在梁头上。这些梁其实是柱子之间的连系构件，像穿斗架。不同于穿斗架的，是瓜柱落在梁上，也没有栋柱。

梁架的基本结构构件都很朴素，也显出明代建筑的特点。明间骑门梁正面刻灵芝纹，很雅致，尺度也好，饱满而有层次，没有别处常见的开光和深度很大的人物情节浮雕。内部梁、柱都是素的，反衬出前檐卷棚轩的精致华丽。卷棚轩的双步梁雕刻很丰富。装饰集中在瓜柱下端的驼峰和梁两端的梁托上，它们几乎成了雕刻构件。驼峰的处理很特别，外形像花篮，每个驼峰，左右两面不一样，向中轴的一面，比较华丽，题材分别是：中榀的为松鼠葡萄加牡丹花，次榀为蝴蝶加牡丹花，山榀只有牡丹花。它们的另一面都只刻流云。松鼠葡萄象征多子，牡丹象征富贵，蝴蝶本来生命很短，但在建筑上却是长寿的象征。一个宗族繁衍发达的全部愿望都表现在这些驼峰上了。梁托的雕刻题材都是灵芝，雕得深，多层次，立体感很强。其余各处就不再有雕刻。整个享堂，装饰适度，既不简陋，也不烦琐。

我们在婺源常常看到，不论住宅还是宗祠，雕饰又多又细，虽然片断很精，但总体失之于堆砌，反而成了累赘，使建筑在艺术上不胜负担，失去了它应有的结构逻辑性，也失去了刚挺气概，而查氏总祠享堂却保持了大家风范。

寝室更朴素一些，也是繁简得体。楼梯锁着，小学的负责人都不在，没有办法上去，也没有能进底层，只判断楼梯设在左右两厢里。

据查书记说，前厅规模和享堂大厅差不多，也是五开间，前后檐柱是方形的石柱，金柱是圆形木柱，也卷刹成梭柱。

查书记对于拆掉前厅觉得很后悔，虽然那不过是几年前的事。这查氏总祠的命运竟也和龙川书院一样。

我们走出小学，见到大门前还陈设着一对很高大的抱鼓石，查书记叫它们为“避面”。这名称的由来不清楚，但它们的高度正好与成年男子相仿，刚刚可以遮住面部。

凤山村西部的住宅区比较饱满整齐。有一条宽敞的街，和商业街垂直。街中央有井，村民饮用水大多仰给于井，尤其是距河远一点的住宅区。街上东侧有一对孪生的住宅，是兄弟二人合造的。两所住宅前后都有厢房和天井，并有前院，比肩而立，它们之间有一条四米来宽的空隙。两家合用的大门开在这空隙前部，进门一个小院，左右有门通两宅的前院。小院深处迎面是一道华丽的木板照壁，转过照壁，有一方小天井，天井之后是槅扇玲珑细巧的花厅，就是客厅。它后面又有一方天井。客厅是两家合用的，从它后面的小天井可以左右通向两家的后堂。在婺源农村，兄弟数人建联排住宅的不少见，但这样孪生的布局却只见到这一例。它左面的叫三斯堂，右面的叫慎仪堂。

离这所住宅不远，街西有一座小宗祠，乡人叫它“西门祠堂”，是查氏十三门仅存的一所。不过半已颓毁。它是三开间的，但总面阔狭窄。前门已经没有，前院内左侧有三间“账房”，装修华丽，这布局仅此一例，据说原状就是如此。它现在被当作电珠厂。

出查氏总祠过桥，沿浙水东南岸去看文峰塔。左手是村子的朝山，当地人叫向山，所以凤山村的宗祠和大部分住宅都朝东南。向山上面树木还很茂盛，周围其他的大山，树木很稀少了。凤山村过去是盛产木材的林区，现在已经无木可采。建筑材料变化之后，青石板也不再有人要买。田地很少，粮食靠政府调拨，连蔬菜都没有。查书记说，现在的奋斗是每天吃两干一稀。过去，当地穷，人们靠外出经商发财致富，带钱回来。近几十年来，这条路堵死，大家在没有土地的山沟里种田，经济就十分困难了。

朝山把浙水向西北挤成弧形，水面却放宽了。从东岸望村落，为了抵抗反弓水的冲刷，砌高高的石岸壁，街东南侧的房子就造在岸壁上。虽然都已经破烂不堪，但参参差差，斑斑驳驳，透过霏霏细雨，却也很入画，尤其那微微一弯，更添几分秀气。到秋天再去看，才看清原来不少房子本有挑楼、阳台和下到溪面的石阶，亲水性很强。溪水是活水，很清，“天光云影共徘徊”，遥想当初盛年，凤山村的外貌还是很动人的。

文峰塔在一片红花草（紫云英）田中央，几场大雨，金灿灿的油菜花凋谢了，红花草却开放得蓬蓬勃勃。粉紫色的花像一片彩云，托起七层白塔，檐角的铁铎，迎风叮当作响。青山衬托着它，更显得玉立婷婷。塔是楼阁式的，37米高，砖砌，六边形，底层每边长340厘米，壁厚105厘米。正门朝北，门洞宽86厘米。每层每边都有一个券窗，这做法不多见，一般都是每层三个窗，各层错开，那样更坚牢一些。每层檐下有砖砌的仿木斗栱和梁枋。塔顶的刹还很完整。塔内各层原有楼板、楼梯，现在已经没有了。

塔是明代万历年间造的，名叫“龙天塔”。据说凤山村西北的祖山叫凤凰尖，塔名龙天，为的是讨“龙凤呈祥”的吉利。对乡民来说，这个名字和这个故事都太书卷气了，他们自己另有说法：古时候，一条小白龙从天上到人间游玩，所到之处，风调雨顺，五谷丰登。一天，小白龙从这里经过，村民为了把它永远留住，就造了这座塔压住它的中腰，在村南口造了关帝庙压住它的尾巴，在东面小山上种了一棵大樟树压住它的头。这座塔因此叫作“天龙塔”，后来又演变为龙天塔。

作为文峰塔，它似乎并没有振兴凤山村的文运。凤山人热衷于经商致富，于科举上不大在意。不过读书人还是有的。《县志》载明末查光怀，“时人推以文坛巨伯”，“魏珰下令毁天下书院，光怀投诗汪登原曰：世路风波咸若此，中天砥柱欲如何？”有著作传世。康熙《徽州府志·隐逸》记一位明末清初的凤山人查潜：

> 日诵数千言，为文高古奇特。同邑诸生倡正社，称十二子，推潜为冠。性狷洁。邑宰金兰、郡守陆锡明、司李鲁元宠皆以国士遇之，终未尝有所请谒。……乙酉之变，与族人思晃衰绖入幽谷中，裂去巾衫，足迹不履都聚，终日杜门阅古史，曰“吾与张颜文谢相晤对也”。寻遁入高湖山，邑学博翟皓造其庐不得见，叹曰：“先生吾师，非敢附友也。”

光绪《婺源县志》又记咸丰间人查焕梅，五品衔，随父行贸迁，远至贵州。在本里建凤山书屋以庇族。

或许是小白龙真有点灵异，婺源县境内旧有几十座塔，经过近四十多年的劫难，尤其是“文化大革命”，都一一被炸坍了，独有这座塔幸存下来，作为乡土文化的历史见证。查书记告诉我们，“文化大革命”初期，激进的“革命者”们为了消灭“四旧”，气死“帝、修、反”，保卫红色江山永不变质，决定炸掉龙天塔，在塔底放好了许多炸药。当时恰好有县革命委员会派的工作组驻在这里，组长是原县委宣传部长，一个“结合干部”，他很有胆气，立即召开了村民大会，讨论一个问题：留着这座塔有什么坏处，炸掉它有什么好处？问题的倾向性很明显，“保守”的意见占了上风，炸药终于被搬走了。

我们暗暗希望，小白龙除了能保护自己，最好真能保佑凤山村发展民生经济。不过，也许是小白龙报复村民压迫它、限制它自由，才使凤山村受穷的。那么，致富之道就在取消压迫，给以自由。不过，小白龙很可能已经走脱，回天府去了，因为镇住龙头的大樟树早在1958年“大炼钢铁”时候跟满山的林木一起被砍伐当燃料烧掉了。现在山上光秃秃，看来，致富之道又在重新培养林木和大樟树了。

理坑村

我们到理坑村去的那天，仍旧租用公安派出所的民警巡逻车。

理坑村在清华镇东北25公里，很偏僻，很小。但是，它有很显赫的历史。明代晚期，整个徽州的雅言文化都趋于衰落的时候，理坑村却出了几位名宦，几位硕儒。

硕儒兼名宦有余懋学、余懋衡兄弟和余自怡，未仕硕儒有余世儒、余纯似、余启元和余懋衡的儿子余鸣雷。光绪《婺源县志》的《儒林》《学林》《文苑》《名贤》里，理坑余氏连篇皆是，远远超出任何村落。更使我们感兴趣的是，还有清代科学家余煌，著《二十星距度》《勾陈晷度》《日星测时新表》《弧角简法》《推步考要》《预推十年日月交食分秒时刻》《勾股三角八线诸法纂要》等天文和几何学书。《县志》说他“其学中西并用”。①

这样的村子，当然不可不去。

前半程重复去凤山村的路，到了沱口，过普济桥，就沿沱水走了。普济桥在浙水和沱水的汇合处，光绪《婺源县志》说，这座桥是“凤山

① 还有很多并不很著名的在乡学者，如明代的余绍祉，“善古文词，工行草，筑室著书，自号疑庵居士。所著有《赋草》一卷，《诗草》四卷，《杂文》二卷，《山居琐谈》《玄丘素话》《访道日录》各一卷”（见康熙《徽州府志·绩学》）。他们的治学更显出婺源文化教育的普及。

查氏众建，桃溪潘铉卿捐资竣工”。遍布乡野的道路、桥梁、茶亭大都是这样由私人出钱建造的。

来婺源之前，想到正逢烟花三月，这里一定是风光旖旎。我们抄录了宋代婺源诗人汪藻（1079—1154）一首《春日》带在身上，诗是：

一春略无十日晴，处处浮云将雨行，
野田春水碧于镜，人影渡傍鸥不惊。
桃花嫣然出篱笑，似开未开最有情，
茅茨烟暝客衣湿，破梦午鸡啼一声。

不料来到之后，竟无一日之晴，所见春色，不过一片雨洗的新绿和山间白云而已。这天，雨停了，云也薄了些，车子一进峡谷，相对而立的悬岩，被盛开的杜鹃花染出一片片鲜红。涧底黝黑的岩石上，也一丛一丛地开着，跟溪水激起的雪白的浪花相拍击，更显得艳丽，生气勃勃。我们记起了清初休宁人吴启元的另一首《新安江行》诗：

沉碧空潭浸白沙，绿塍低绕水田斜，
山村路僻行人少，红杀溪头踯躅花。

出了长长的、崎岖而曲折的峡谷，驶经一段农田，到沱川乡的鄣村，向右一转，又进了一条峡谷。前面，左右成对的青山挤成了一个咽喉，过了咽喉，不远就是马头墙错落跌宕的理坑村了。那咽喉处是村子的水口。[1]

理坑村在一条由西南向东北的袋形山谷的中部。山谷长将近十里，村落所在的地方最宽，也不到300米。这是一个深山区的小山村。一条小溪发源于东北，流向西南，在村前稍稍一弯，略近于由东向西流。这条溪叫小坑，是沱水的源头。

① 理坑村距鄣村1.5公里，鄣村在县城东北55公里。

理坑村住宅（李玉祥 摄）

公路的尽端就在水口。我们下了车，看溪水大约有10米宽。一座单孔的水口石拱桥相当高大，对岸有一幢大房子，孤零零的。

我们不过桥，顺沱水的西北岸向前走，不过200米，便进了村。村子在溪的北岸，临溪一条石板路，大约一百米长，沿路的北侧迤逦展开村子的南立面。十来幢住宅，粉墙青瓦，参差错落，点缀着几处马头墙，几处砖门头，变化有情有致。这里没有过境交通，所以就没有商店。这景观很像洪村，一样的清新秀丽。路的南侧，临溪有些台阶下到水边。正是花叶芥菜收获的季节，衣衫鲜丽的妇女蹲在石板上一担一担地洗菜，洗净了的就晾在路边和桥栏杆上，准备腌了，夏季吃梅干菜。

溪上有几道石板桥，但对岸却只有三四幢新造的简陋住宅。过桥都是为了下地。

理坑村住宅巷道（李玉祥 摄）

路北有几个巷子口，其中一个对着石板桥，且有小小的过街楼，这就是村口了。楼深两进，楼下过道两侧架着木条凳，和石板桥一起形成小小的公共聚会中心。这村口很像黄村的那个。一进村口，景色大变，迷阵似的交错无序的巷子，夹在十几米高的、已经变成灰黑色的砖墙之中，抬头只见一条发亮的裂缝，那就是天。我们到过许多由曲折小巷织成的村子，虽然觉得压抑窒闷，却从来没有像理坑这样阴沉，这样忧郁，这样叫人紧张得透不过气来。幸好有几幢房子坍了，空地成了菜园，才稍稍舒缓一点心情。

理坑村有它的历史特点。康熙《徽州府志·流寓》里记载："余道潜，宋重和元年（1118）进士，主桐庐簿，值方腊乱，避地徽州，乐婺源沱川之胜，遂家焉。"那村子叫篁村。宋宣和二年（1120），篁村人余仁斋来到谷口建鄣村。南宋初，鄣村余闰五进谷建村，初名里坑。到明代晚期，村里出了一批很有名望的大儒、大官。明代有进士六名，以后文风文运历几百年而不衰，文人辈出，都卓然有成，著作很多，以致至今不过小小的二百来户的村子，就有"尚书第""大夫第""官厅""天官上卿"府和"九世同居"等几所大房子。给我们造成沉重的压迫感的，正是这些大房子的灰暗的阴影。然而，我们恰恰为它们而去，是它们给了理坑独一无二的历史意义。①

我们边问边走，一路上坡，到村子的东北角找到村民委员会。村干部们都很年轻，正围着火炉打纸牌。山区四月，春寒料峭，又逢阴雨，家家都还要烤火。村长很厚道，乐于放下纸牌带我们参观。

路过"尚书第"，只剩下一座三间五楼式的青砖牌楼门头，里面在1983年被大火焚毁了。花园已成菜园，鱼池还在。牌楼朴素，雕刻很少，而凹凸大。刀法稚拙，构图作散点式，没有层次。灵芝形砖托拱下镂如意，显然是明代的作品。中央"字牌"处浅刻"尚书第"三字。理坑村在明末出过两个尚书，一个是余懋学，隆庆二年（1568）进士，授

① 据《婺源县地名志》，1985年理坑村有240户，915人。

抚州推官，进为南京户科给事中，曾因奏“五事”而忤首辅张居正，被斥为民。居正死后复职，寻擢南京尚宝卿。万历十三年（1585），歙人御史江东之等人因诤论万历帝建寿宫事被贬，懋学抗疏而为东之等辩解，上言“十蠹”，直指新任首辅申时行。《明史·本传》称他“夙以直节著称”。卒前为南京户部右侍郎，卒后追赠工部尚书。著有《春秋蠡测义》七十卷。另一位尚书是余懋衡，他是万历壬辰（1592）进士，任都御史时丁忧还乡，在本邑紫阳书院、福山书院和清华镇的富教堂讲学。天启年间授南吏部尚书，因魏忠贤弄权，称疾不出。魏忠贤黜全国书院，党徒张讷疏言“天下书院最盛者无过东林、江右、关中、徽州”，而余懋衡为“大头目”之一，与邹元标、冯从吾、孙慎行“南北主盟，互相雄长”，请赐处分。于是余懋衡被削夺。魏党失势后，崇祯时又曾短期出任南京国子监祭酒。他是明代末年重要的理学家，是理坑村直至婺源县的骄傲。可惜村干部不大知道先贤事迹，说不清这“尚书第”是谁的故居。现在，这座府第完全毁掉，理坑村的历史记忆残缺不全了。

然后到了“天官上卿”府，传说这是余懋衡为接待他的女婿造的。①它位于一个三岔路口，大门在路角上，有点偏，朝东北，是风水术上的考虑，东北方正是祖坟所在。磨砖的门头，两侧有窄窄的八字墙，形成三间的牌楼式。字牌上浅刻“天官上卿”四个字。其实它的平面很简单，主体是三间两搭厢，没有后堂、后天井，太师壁后只有很窄的一小间。两厢不做装修而全部敞开，但都有吸壁樘板，形成很整洁的多用途空间，与前堂连成一片。天井没有前墙的披檐，显得通畅。因为没有“退步”，所以连小木装修都很少。大小木作上都不做复杂的雕饰。明代建筑，质朴如此。正厅之上有第三层，就是晒楼，进深只占一半。这个主体部分的右后部有厨房等辅助房间，右侧则是个大院落，它的深处是三间杂屋。我们从主体的左后侧向后走，见到

① 1985年《婺源县地名志》称，“尚书第”为余懋学故居，“天官上卿”府为懋衡故居。

一个废园，现在种着蔬菜，它的深处也有三间房子，这里本是花园和花厅。

“司马第”是清初兵部主事余维枢的故居，形制也很一般。三间的砖门头稍稍多一点雕饰，檐下有四个灵芝形大斗。枋头做云卷。脊端有鳌鱼。字牌浅刻“司马第”。这门位于府第的左前角，进门就是厢房。主体是前后天井的三间两厢。它后面和右面又各有一个三间两厢，是辅助的后院。它比“尚书第”和“司马第”晚建，或许后来又经过重建，雕饰比那两第丰富得太多了。它的前堂前檐和两厢前檐，梁和花枋都做深雕，中央是开光盒子，雕情节性人物像。连后堂也同样有华丽的雕饰。前堂胜过后堂的是廊步做卷棚轩，有狮子形的撑栱。除了堂屋前后敞开外，正屋和厢房的楼上和楼下，全做槅扇，工艺很精，尤其是正屋次间窗外的护净的雕刻十分精美。正屋全用方柱。

雕饰最繁杂华丽的是“九世同居”府。它的得名是因为前堂明间前檐骑门梁中央有一个开光盒子，雕着一排人物，上面有四个字，是“九世同居”。这一排人物居然逃过了劫难，头颅完整无损。中坐一白髯最年高者，左右共有九人官服趋奉，另有小童一人。“九世同居”府就因这幅浮雕而得名。“九世同居”本来是徽州建筑木雕常用的题材之一，取典于明代浙江浦江的郑义门，九代不析炊。但在理坑，似乎这题材更现实一点。据光绪《婺源县志》，明代理坑人余准，“少孤，事母孝，及长有志圣贤性命之学……仿浦阳郑氏家法立规七章，世为子孙守。痛父早逝，立家庙以报本，出入必告，朔望必参”。看来郑义门的事迹经过余准的仿效在理坑影响比较大。从层层叠叠过分堆砌的雕饰看，这房子不会早过晚清，绝不是余准时的原物。可惜现在村中人竟全都茫然，对村子的历史故事一无所知。我们秋季再去，遇到一位七十多岁的退休职工余锦林先生，告诉我们，这房子是光绪年间造的。主人在北京当官，参与了“杨乃武和小白菜”的冤案平反，皇上赏了他一千两银子，他造了这所房子，另造了一座藏书楼，买了一批书。这故事是否可靠，也很难判断，但涉及做官和读书，倒很切合理坑余氏的传统。只是说不清这主人与余准是什么关系。[①]

“九世同居”府的主体形制也很简单，不过是个普通的三间两厢，有“退步”。但它的附属房子多而复杂。主体之后是一个四面围合的天井院，为厨房、仓储、杂务等使用，侧面有第三层晒楼。它后面又是一个三间两搭厢，朝向与主体成九十度角。可能它本来是住“伙计”用的，现在养着猪和鸡。这部分的后面，原来还有些房子属于“九世同居”府，在20世纪50年代初期土地改革时分割出去了。这个府邸是一组不很严谨的群体，或许当初是陆续建造的，甚至是先后购进的。

它的“护净”和“退步”槅扇极其精美，“退步”槅扇的格心上还有开光盒子雕着仕女人物。但是，左边的已经没有了，前几个月卖给了“福建佬”，只收了二百元。房主很后悔，不是悔恨把它们卖掉，而是卖得太便宜了一点。这座府邸最使我们感兴趣的是它正房二楼中央的祖宗神厨，像个小小的建筑模型，玲珑剔透，工艺很精巧，现在还供着三块神主牌。

这座房子的主体很像“天官上卿”府，与延村住宅的差别是：一、两厢不做前檐装修，完全敞开，而沿外墙做槛板；二、天井前墙不做披檐。因此，它比延村的住宅豁亮通畅得多，这是理坑住宅的典型特点。住宅正门前大都也有狭窄的前院，像个短巷。

“官厅”，正式名称是“驾睦堂”。据说是明代末年崇祯时广州知府余自怡[②]奉旨敕建的，后来改为友松祠。院门临进村的主要巷子，青砖门楼作三间五凤楼式，贴“富贵万字”砖。中央上下枋之间雕“双龙戏珠”。这院向内的一面有木披檐，上盖青瓦，檐下有四组木质斗栱。上

① 光绪《婺源县志》有沱川的两则“五世同堂”。一是余时履，“道光十年亲见七代，五世同堂”，一是余培仁，“同治十年寿八十有九，亲见七代，五世同堂，请旌建坊”。很可能这“九世同居”府与其中一位有关，为祝寿而建，用余准或郑义门为典实。

② 余自怡，受业于余懋衡，崇祯元年（1628）进士。《县志》：“……出守广州。广，珠贝地也。怡身先俭素，吏民翕然改观。严武备，饬文治，政声藉甚。……诏以循良优叙。积劳致疾，卒于官，祀于学宫。所著有《鲁瞻文集》《经书疑义》《浔关杂咏》《星槎集》，均问世。”

下枋之间仿竖匾隐刻“圣旨”两字。枋下又有青砖仿木单栱。它的雕饰题材、斗栱和“圣旨”字样，都是应“奉旨敕建”故事的。村长说，正门之内早已拆除重建，不必进去看了。1986年出版的《婺源风物录》里是这样记载正门里面的情况的：“正厅五间，三面回廊，轩廊木质卷棚，深天井。楼梯从右侧上，楼上为走马楼。正厅重檐，下堂两廊三方单檐斗栱。后间为双天井。”右面还有“馀屋”。这个记述写得不很清楚，但大致能看明白，这座房子的规模和规格在婺源农村极少见，也许独一无二。“奉旨敕建”可能是真实的。可惜它竟在1986年被拆除了。

我们到农村调研乡土建筑，最怦然欣喜的是看到那些洋溢着田园气息的房屋，它们朴实而浑然天成，开朗而平易亲切，随意而不拘一格，处处显示出对祥和生活的真诚的爱；它们就像袒露着紫铜色胸膛的农人那样不加任何猜疑和防范地欢迎我们。但是，调研不是春游。我们必须学会认真地对待所有对学术工作有意义的对象，从中国建筑生动的整体来了解各种各样的建筑现象，并且珍惜有历史价值和文化意义的建筑物，而不管我们自己是不是喜欢它们。所以我们对拆掉“官厅”感到惋惜，这类事件毕竟还意味着更多的失落。

《县志》里，理坑村有过那么多卓然成家的文化名人，他们的故居都在哪里？我们尤其希望找到余煌的故居，不仅因为他是极其难得稀有的自然科学家，也因为《县志》里的小故事：他在七十寿辰时自拟了堂匾和楹联，密封交付子孙，嘱在他盖棺之日悬挂。后来启封，匾曰“乐天安命”，联曰：“读文书颇知三畏；宅我心不失一诚。”给自己做了一生的定论。还有一位明代的理学家余准，当官清正廉明，致仕家居，勤于著作。自额居屋“学耕处”，题柱曰“数椽陋室居平地；一点灵台对上苍”。又有一位著作颇丰的清代理学家余有敬，德行高洁，深受乡人推崇，给所居巷首题“志仁里”三字。据《县志》，村里还有余世荣的大夫第，余丽元的观察第、通奉第、翼然阁和别墅“亦若是斋”。我们徒然寻找着，没有人能告诉我们。人们竟这么容易就忘记了他们杰出的先辈，历史成了空白！

可以庆贺的是，我们终于在村子的前沿，滨河路的北侧，找到了六幢别致的房子。东边的三幢很小，正屋三间，有楼，左前侧有一间敞厅，无楼，底层平面因而呈曲尺形。进门便是这间敞厅。敞厅之右是一方石砌的鱼池，有石级挑出池壁，下到水面。鱼塘前面有一小条花坛，种南天竺之类。敞厅和正屋明间临水都做美人靠。房子没有一般住宅必有的杂务后院。西边的三幢有很大的花园，除花木之外，园中有鱼池，两家是方的，一家是椭圆的，砌筑很平整，傍池有三间花厅，无楼，装修精致。大致可以判断，这三幢小屋和三座花厅，就是《县志》里一再提到的什么斋、什么轩之类，是乡文人读书之所。但我们无法确定它们是哪个斋、哪个轩，属于什么人。可以自慰的是，这六座房子毕竟标志了理坑村与众不同的文化背景。老人说，河对岸原有最大的一座花园和鱼池，可惜失火焚毁了。[①]

在一个街角，看到一家供销合作商店，是明代住宅改成的。大木构架还保存得很好，上楼去看，有五挑的插栱，轻盈简洁。明间还有两个斜撑，刻作鳌鱼喷水，水注宛转回环，造型十分流畅自如。其余部分都被杂物挡住，不能看清。天井有三面深沟。这房子很有身架，不知什么来历，可惜只剩一进主屋了。

村里只有一家卖日用杂货的供销社，没有吃食店。我们只好到三里外郭村的沱川乡政府门前小铺里吃了午饭。回到理坑，到村民委员会坐了一会，村干部们仍旧在打纸牌，支部书记放下手中的牌，陪我们聊天。

先聊宗祠，村里原来有五六座宗祠，现在只剩下一座小分祠，也已经残毁得差不多了。其余几座，有的还在门前小广场上留着几个桅杆座。俞氏大宗祠在村子西北角，地势最高，前后一共四进，外加厨房。享堂有七十多块匾。1968年，卖给本省余干县收购旧木料的人了，只卖

① 村人告诉我们这些房子叫“鱼塘屋”，我们很不能相信，几经追问和考察，断定是“学堂屋”。

了一千九百多元[1]，木料太大，锯成木板后才运出去的。村里老人不无夸张地传说，现存全县最著名的汪口村俞氏宗祠，当初是用这座余氏大宗祠的下脚料造的。大宗祠的原址上，造了小学校。理坑余氏出了不少大官，有两位尚书，大宗祠规模当然会比较大，而且大约也造成五开间的了，像凤山查氏大宗祠那样。过去，村民的婚丧喜庆大事，都要在大宗祠里办仪式，所以，从水口到大宗祠专门铺了一条石板路，在村西边掠过，路上有许多上坡台阶，被村人命名为“四进士”“十三太保”和“连升三级”，都是吉祥话。这里面的数字，其实本是路上台阶的级数，据说旧时村人在外面中了科举，当了官，回里先拜祖祠，抬官轿走台阶，可以把轿子有节奏地颠起来，有喜气，有威风。为了安全，在前面的轿夫见到台阶就要高唱这些台阶的名称，其实是向后面的轿夫通知台阶数。现在路已断了。乡谚说“坐轿人孙子抬轿子”。理坑村经济和文化的衰退有很多复杂的原因，那种历史的凄凉感袭上了我们的心头。

说到水口，支部书记立马起身上楼，拿了一张皱折发黄的照片给我们看。那是20世纪30年代拍摄的，他在上海落籍的伯父前几年回乡探亲带了回来。这张照片太宝贵了，原来水口那座石拱桥上面有五开间的亭廊，桥对岸有一座很大的文昌阁，现在还在的那幢大房子，本来是水碓。水碓的西侧有一支“文笔”，是砖砌的，方形、实心，大约十五六米高，戴着一个攒尖顶。后来，一位从城里回家来度清明假的老中学教师余嘉荣先生也翻出了两张更清晰的照片给我们看。这位老师说，水口建筑群照例有“五生”，就是桥、文昌阁、文笔、水碓和长明灯杆。照片上看不到灯杆，大概它太脆弱，早就坏了。现在，桥上的亭子、文昌阁、文笔等等也都没有了，都是“文化大革命”中拆毁的。桥亭本来可以不拆，但为了在桥中央造一座伟人像也拆掉了。水碓经过改造，当作生产队的仓库，就是我们看到的那幢大房子。我们去凭吊水口时，看到沱水里有两道提水坝，坝体上砌着几十个雕成莲花状的柱础，显然是文昌阁里的。那座文昌阁，五开间，三层，层层飞檐翼角，规模比我们过

① 合当时一台14英寸彩色电视机的价格。

去在农村里见过的都大得多，形式也很雄伟，这大概跟村子出了那么多的文人有关系。

余嘉荣老师说，理坑的老祖，也就是始迁祖，是位阴阳先生，所以理坑的风水极好，村后珠山上他的墓地更是上好的佳地。村里大多数的小巷都向东北，也就是向祖坟，它荫庇理坑出了那么多的大官。这水口也是很好的，左右狮、象两山对峙，山上老树浓密，关锁严紧，极能藏风聚气。正是“两山并峙为捍门，水口之至贵者也”。又加上这“五生”，简直完美无缺。但是他没有解释理坑村当前的状况。

余老师的记忆力很强，居然还记得水口桥和文昌阁的几块匾。桥亭上，朝西南的，也就是朝向来路的，题为“山中邹鲁”；亭的西北端，题为“理学渊源”；东南端的是“文光耀日”，桥亭里面一块匾写着“笔峰达汉”。那块“理学渊源”匾是余光耿为余懋衡、余懋学题的。当年缘它而改村名为理源，这座桥也叫理源桥。[①]20世纪50年代初，由于意识形态的原因，才又改村名为理坑。“笔峰达汉”是实指那座文笔。很可能，这一组水口建筑，作为一个景点，名称就叫“笔峰达汉”，这是几乎村村都有的八景或十景之一，所以匾才悬在桥亭里。文昌阁大门的题额是“魁星点斗”，有点浅俗，不知是不是余先生记错了。

理坑的水口建筑群比别的村子更强调文化教育，更炫耀书香传统和科第成就。事实上，在婺源，理坑的书香传统和科第成就也的确大大胜过别处。在这样一个闭塞偏远的深山小村，居然经过读书取仕的道路能够立名于世，使我们对科举制度增加了几分敬意，也使我们对文昌阁、文笔、文峰塔的普遍建造和村落选址的时候对文笔峰、砚池之类的认真，增加了几分同情。

关于“五生”的说法，我们以前没有听说过，也不曾见过这样的组合，常见的倒是水口总有一座庙，多数供奉关帝。

理坑或许确比别处更重视风水。我们在原小分祠“敦复堂”门前看到地面铺着两块石碑，都是“禁碑”。一块刻的是：“阖村来龙上下左右

① 《县志》又载沱川水口有拖紫桥，不知所指。桥名是夸耀官宦之高之多的。

□□杉树杂木以荫祖墓阳基严禁盗砍挖掘侵墓及纵牛残害树枝如违定行议罚不贷嘉庆二十二年正月”。另一块是：“仁齐分坟来龙上下左右日后永禁挖掘侵葬及砍害荫木等件如违以不孝呈究不贷　坟林中毋许放牛践踏残害树枝违者一并议罚　嘉庆二十三年三月日　乐义衍庆堂仝立”。

光绪《婺源县志》里有几则沱川人物记载，传主都精通阴阳堪舆。其中一位道光时余冠贤，“入泮，肄业紫阳书院，……恒谓习医以延亲寿，觅地以妥先灵，皆人子分内事”。除医学著作若干种外，还著有堪舆书《地学理气合编》《葬法口义》等。另一位是咸丰、同治间人余翔：“大鄣山麓及本里来龙前被居民垦种戕害，翔与族议，叠请宪示严禁，长养杉苗十年。”虽说“儒者不言堪舆”，但旧时读书人都讲易理，懂一点风水术。理坑文风盛，堪舆术当然也精。

祖坟的风水荫庇不了理坑村的命运。但在古老的封建家长制时代，宗祠有足够的权威为全村的利益规范村民的行为，这是当时血缘村落能够建造得井然有序，整体性很强，而且历几百年都保持它的机能正常作用的重要原因。现在，旧的行为规范被打倒作为铺地之用，“踏上千万只脚”，新的却还没有形成，也不知怎样才能形成！

支部书记很怀恋村子往昔的光荣，多次对我们说，如果大宗祠还在，再把祖坟修一修，理坑就可以成为一个旅游胜地，“坐在家里拿钞票”。他弯腰用虎口比一比巷子中央的一条青石板说：一色的二尺四寸宽，是金銮殿的规格呢，别处哪里还有！说起“官厅”，他很来劲，说，村里大官虽多，可不能都进去议事，凡进去的，都要皇帝亲自一个一个批准，所以才叫“官厅”。这个“文化大革命”时期出生的年轻书记，一点也不懂得，为什么村里那么多的雕刻都被凿掉了人头。

我们以前访问过的小村子，大都沿溪延展，洗涤用水都在溪里，村中有井只供饮用。理坑村的北部离溪比较远，所以又建设了两个洗涤的场所。一处在大宗祠附近，唯一残存的小宗祠敦复堂左侧的丁字路口。这是一个大约565厘米宽、685厘米长的方场。满铺青石板。中央有一口长方形的井，没有井栏，水位很高，形同水池。方场四角上各置一只长方形的洗涤用的石槽，底上有泄水孔。在槽和槽之间，石板地上又有一圈整整齐齐的排水沟，把废水引向街上的下水道。这倒是一个很独特的场所。另一处，巷边有一个大方池，池水很满，有人跪在边上搓洗衣服。书记说，这里本来不是水池，而是一座小分祠。祠堂拆掉之后，才引山水汇成这方池的。不论形成的原因怎么样，这两处地方给曲折阴暗的迷巷构成的村子增添了比较舒畅的空间。姑娘们打水或者浣洗，笑语盈盈，又给村子增添了生气。

下午四点多钟，我们在小巷里遇见一位年轻媳妇，支书猛然想起，她家有座"小姐绣楼"，应该去看一看。这幢房子确实有特点，它是个完全的天井式四合头。正房三间加右侧一条夹弄，后檐墙临街开门，进门就是夹弄，经"退步"到堂前。夹弄与次间之间，通间用雕花槅扇相隔。堂屋的正面和两侧也都设通间槅扇，所有的槅扇都可以拆卸。太师壁紧贴后檐墙，壁的两侧是柜子，也是少见的做法。二层楼在天井四周都向前挑出一步，两层花枋满是雕刻，可惜人物的头颅都被凿掉了。花枋下做细巧的挂落，花枋以上的槛墙全部贴亚字栏杆。再上全是槅扇窗，很华丽。天井地面用小卵石砌成席纹，非常精致，而且很结实，至今没有破损。四合头的前面是个花园，有两棵很高大的梨树，梨花怒放，满园的白云。回头一看，那房子朝花园这边的楼上三间全部用细木槅扇窗，正中间还有美人靠，倚在美人靠上，伸手就可以摘到梨花。左右两间槛墙外贴亚字栏杆。栏杆下面层叠宽窄两条花枋，也都雕刻得很饱满。明间美人靠下枋子上雕一对凤，相背飞翔而回头相顾，很生动。在它下面镶一排绿色琉璃透空花砖。在一个沉重封闭的村子里转了一整天，忽然见到这样一幢房子，真叫我们高兴。我们终于见到了压抑不住的对生活的热爱，对阳光和自由空间的向往。这幢房子尺度小，有花园，显然当初是个客馆，花厅作饮宴之用，未必住人，现在划到隔壁的才是它的正屋。至于叫它"小姐绣楼"，不过是这一带的习惯，凡纤细精巧的、多装饰的、轻快而开敞的楼房，尤其是朝向花园或小院的，都被称作"小姐绣楼"。因为它毕竟有柔媚的女性的美，风格细腻，饱含感情，容易引起浪漫的幻想。有一些甚至被附会上哀婉的或者喜剧性的故事。正当我们仰面给它摄影的时候，那位在小巷里见到的年轻媳妇出现在曲栏杆头，粉红的衣衫掩映在如雪的梨花后面，眼睛映着花瓣上雨珠的晶莹。

出了“小姐绣楼”，我们又看了几处住宅，都是中型的，形制都一样，只是入口和后院有些变化。

小木装修的雕刻倒是有极精的，我们还见到了两处和“九世同居”府相仿在“退步”门格心上做开光盒子，刻故事人物。还有几家的“护净”，不做写实性的透雕，而在实板片上刻字，大多是诗词名篇。这种做法，据说是清末甚至民国初年的。很使我们凄然的是，有不少“护净”和“退步”门之类被“福建佬”收购去了，代替它们的是用细木条钉一层塑料薄膜。

我们在清华镇遇见过两个下乡收购民间文物的贩子，都是浙江省义乌人。承他们相告，婺源北乡的沱川和东乡的中云是两处主要的文物收购点，尤其是沱川，因为这里过去当官的多。徽商过去也曾在苏州、扬州一带大量购置古玩文物，所以在他们的故里，虽然经过许多动乱，遗存仍然不少。我们在婺源博物馆见到四件国家一级文物，一是二十几厘米长的翡翠鱼，一是近二十厘米高的透雕竹香筒，一是一对镂花烛台，都是余懋衡的遗物，他的某个后代嫁女到浙源时作为陪嫁的。据说本来还有一件珍珠衫，早已散失了。这两个贩子给我们看了一只宣德炉，头天刚刚从沱川买来，只花了八十元。为官的、为商的，子孙都没落了，理坑与凤山相邻，凤山目前的口号是“为两干一稀而奋斗”，就是争取把生活提高到每天吃两顿干饭一顿稀饭的水平。不知理坑的口号是什么。

像理坑这样的村子，当然少不了有崇祀性的建筑。可是现在一座也没有了，年轻的村长和书记又什么也不知道，我们只好查查地方志。据光绪《婺源县志》，沱川有黄荆源庙。据道光《徽州府志》，还有忠烈庙、西风大圣庙、宗三舍人庙、闰八相公庙和东山寺。看来，除了东山寺可能是佛教寺院外，其余的都供奉“人神”。这是普遍现象。其中忠烈庙祀汪华，跟甲路的一样。最有意思的是闾八相公庙。《府志》记：

> 神姓余，名海阳，猎射麂母，麂子抱号死。公感悔，引枪自杀，仆胡伸亦以身殉，遂成神焉。明太仆余一龙建庙。

儒家以“化民成俗”为己任，婺源是朱熹故里，理坑又以“山中邹鲁”“理学渊源”自诩，这类庙宇当然是少不了的。这样一个小故事包容了忠、孝、仁、义四种德行，倒编得很巧，不过，请一只麂子来教化人，毕竟很有讽刺意味。

理坑在清初曾有申明亭和明善堂各一座。申明亭是惩恶用的，公布“坏人坏事”；明善堂是旌德用的，于其中表彰善行义举。前者由康熙时人余家议扩建，后者由邑庠生余思仁捐建。

薄暮离村，将要走出村口，见对岸有一条宽阔而整齐的路，铺着石板和卵石，陡峭地爬过岭脊。我们以为岭那边有个大村落，或者这路通向屯溪。一问，原来那边叫作东坑的山谷里有一片农田，是理坑最重要的粮田，就像南坑之于洪村一样。这条路是专为去耕作和收获的人而修建的，年年维修。我们想起，从水口到余氏总祠的那条路已经断坍，相比之下，看来，“礼崩乐坏”毕竟不是大问题，要紧的还是口粮要有保证。

民警巡逻车发动了，我们回头看山谷深处的村子，那临河的一带在暮色中更加妩媚。赵吉士在康熙《徽州府志·流寓》篇前写道：“晋宋南渡以来，人多避迹新安，而大好山水中，往往为幽人所卜筑，其足咏君子至止者，正不仅一高轩过也。”遥想三百年来，有多少年轻人，芒鞋斗笠，在崎岖的小路上艰难地跋涉，翻山越岭，奔赴州县。一试再试，终于踏进京师，跻身文化的最高层，为官，刚正不阿，有政声；为学，成了一代儒宗，有著作传世，青史留名。又有多少年轻人，一袭青衫，一裹干粮，风尘仆仆，来到通都大邑，日夜辛劳，参与开辟了中国商业经济的新时代。这个小小的、小小的村落，重重山峦围困着的村落，如此偏僻、如此荒凉的村落，有着多么辉煌的记忆！

我们对中国农村的文明史，知道得太少了。

清华镇

清华镇在今婺源县北30公里，唐开元二十八年（740）建婺源县，县治就在清华，直到天复元年（901）县治迁到弦高镇，也就是现在的县治紫阳镇，清华镇曾为邑城一百六十年。天祐三年（906），曾改名清化镇。虽然已经过去了一千多年，至今它仍是婺源县除紫阳镇外最大的镇。[①]建县之前，清华本来是一个戍站。唐末文德元年（888）胡学[②]来到这里定居。

由戍站而成为县治，清华自始便不是一个血缘聚落，但胡氏渐渐成为大姓，所以"古婺时，称姓者必曰胡氏，称胡氏必曰清华"。其次是江姓等小姓。胡学迁清华，是因为十八岁时侍父瞳游婺源通灵观，道经清华，"见其地清溪外抱，形若环璧，群峰叠起，势嶂参天，曰：住此后世子孙必有振起者"（道光戊戌重修《清华胡仁德堂续修世谱》）。但山川形势何以独钟胡氏，又迷信因为胡学的墓穴风水好，是"黄龙吐气形"。

风水堪舆虽然虚妄，但清华镇的山形水势确实雄壮。婺水从大鄣山发源，向东南直下六十里，来到清华镇西侧数里，折而东流，弯环过镇北，在镇的东侧寨山下汇合从浙岭发源西流而来的浙水。然后向南流

---

① 1985年《无怨县地名志》载，716户，2677人。

② 胡学（850—906），银青光禄大夫、宣歙节度讨击使、尚书右仆射胡瞳之子，咸通九年（868）进士，先后任国子祭酒、殿中侍御史、御史中丞。随父起义兵抗黄巢，与李克用、王重荣合力。后归朱温。黄巢戮，克用奔沙陀，胡学迁居婺源。文德元年致仕，赐新安郡开国舅，食邑三千户。

去婺源县城。婺水宽一百多米，水源充沛。光绪《婺源县志》在舆图上于清华镇注“船行止此”，这是船运的终点，《清华胡氏仁德堂世谱》说婺、浙二水合流处“吴楚舟楫俱集于此”。清华镇又是古驿道交会的地点，北去徽州，西去景德镇，南去婺源转上饶、衢州，地处“京省要津”。所以清华镇虽然农田不多，古时仍然能有四千多人口。

清华镇的“龙脉”也起于大鄣山，随水蜿蜒而来，在镇西南五里突起一座茱岭，《世谱》称它为“来龙少祖山”。它东南方有一带屏风形的山，东西并列五峰，称为五老峰，是“本境主山”。五老峰的中峰最高，叫作丁峰。“丁峰初落复起，为本境坐山”，这座山就是犴子头，自南而北，迤逦直抵镇的南边，尽端叫玉屏山，是“中市坐山”。清华镇夹在玉屏山和婺水之间，呈弓状延伸，山、水和镇造成了“清华八景”，它们是：茱岭屯云、藻潭印月、花坞游春、寨山耸翠、东园曙色、南市人烟、双河晚钓、如意晨钟。如意即如意寺，东园是胡学退隐的居处。

镇的主干是一条长约1100米的商业街，几乎首尾贯通全镇。东半正东西向，长约六百米，西半为西南向，长约五百米。西半为上市（上街），东半为下市（下街）。镇的东部偏南，面对二水合流处，据《世谱》上的《八景图》，是唐代县治所在。它的南边是“东园”，西边有一片住宅，就是“南市”。这一片地方如今街巷零乱，房屋都很古老，但大多简陋。看来，从清华街兴起之后，这个老县治左近就败落了。明末入清里人戴程有《清华怀古·旧县基》诗，说的就是这个情况。诗写道：

胜地风光此日移，南村凋谢北村宜。
冢高旧市堆白骨，草长交衢失故基。
半亩方塘蛙独占，几层古井鸟闲窥。
新花细草年年放，拾屐人争觅断碑。

北宋咸平五年（1002）江南名儒清华人胡定庵编订的《星源志》

载，清华镇到北宋已经有四坊、九井、十三巷。四坊从西至东依次是长寿坊、桂枝坊、安仁坊和仁寿坊。每坊都有一个两柱式的坊门，形同牌楼。九井也都是唐井。胡定庵在编《星源志》的时候考证过，它们都有很有趣的名称：犴子头井、狮子尾井、冷彻骨井、惊忧井、泉不竭井、后街头井、灵芝阁井、岭头求井、依山下井。这些井大多分布在清华街的南侧，大体依次由西至东。可见唐末这一带已经人烟稠密了。现在，又过了将近一千年，唐井大多湮灭，只剩古县署旧址的一口眢井、水井巷的一口和双井巷的一口了。双井巷的井大约就是犴子头井，井盖为一块大青石板，上面凿直径40厘米的两个洞，各罩一个井圈，乡人把它叫作“眼睛井”。这两口井现在还在使用，可惜环境非常脏乱。十三巷的名称是：程家巷、张家巷、撩车巷、方头巷、安乐巷、大夫巷、蔡家巷、戴家巷、曹家巷、姚家巷、小公巷、傅家巷、街头巷。方头巷是胡氏总祠仁德堂所在，仁德堂遗址在今彩虹门旁，可见方头巷在清华街的西端，大约就是彩虹门那条巷子。大夫巷是宋武翼大夫胡师礼旧居，今仍旧名，在清华街西段，距方头巷不远。巷口有过街楼，叫“御书楼”，“以藏宠命诰敕”。《世谱》上有岳飞题御书楼诗和赠胡师礼诗，都不可

清华镇彩虹桥

靠。[①]其余十一巷与现在的巷名全异，很难确认。但由巷名可见唐末或宋初清华街至少有八姓合住，各据一区。

清华镇既当过161年的县治，又是水陆码头，自古商业发达。1100米长的清华街是婺源第一长街，号称五里，两侧店铺林立，只偶或被宗祠和府邸打断。它东端有关圣庙、五显灵祠、文昌阁和一座戏台，叫万年台。西端有文昌阁、周宣灵王庙、张帝庙和关帝庙（又名半亭）。张帝庙初创于宋代，祀张睢阳巡。这几座庙所在的西端地点叫庙坞口。[②]婺水自西向东流，则东端应是水口。正对街口，有一鉴方塘，见前引戴程诗中，相传是岳飞大军过境时挖的。街中段北侧有江氏宗祠，门前原有桅杆，左右当街有石牌坊，点缀街景，使它丰富而有间歇，可惜都在“文化大革命”中拆除了。下街的东段，靠近船运码头，从宋至明，曾是瓷器街，三户一家窑货铺，五户一爿瓷器店。因为清华镇附近出高岭土，除了供应景德镇（浮梁）外，东园一带从唐代以来就遍布瓷窑，出产青瓷、影青瓷、青花瓷等。产品大量外销，上越五岭，下渡七十二滩。清华镇的瓷窑业曾经对景德镇有过影响。《婺源县志》载：“齐总管（婺源齐村人），宋代任浮梁陶丞，劳于王事，误毁御器，抱愤吞器，立死不仆。”在清华镇有一座“齐总管庙”。明代宜兴紫砂的名匠陈仲美，婺源人，曾在浮梁烧瓷器。齐、陈二人都是清华镇瓷窑出身的。

20世纪50年代初土地改革以来，这条清华镇古街已经几乎没有商业，旧店铺大都改成了住宅。现在恢复的几家，不过卖些针头线脑，油盐酱醋，由老太太或者小姑娘随意经营。虽然有人主张重兴古街，但实际上没有可能，因为新建的公路在镇的南缘穿过，与古街平行，公路两

① 武翼大夫胡师礼即礼部尚书胡文。又：光绪《婺源县志》载，清华人宋靖康元年知兵科进士胡休，曾图劫金人寨营徽宗归。南渡后，从岳飞抗金。飞被诬死，休归里，杜门不出，著《勤王忠义集》。

② 关帝庙、文昌阁均有二，大约是因各姓自立之故。

侧已经迅速兴起了新的商业和服务业，楼宇光鲜，店堂敞亮，道路宽阔，古街自然会被荒废。①

虽然已经肃杀不堪，但古街的建筑改动不大，旧貌仍然清晰可辨。店面大多为两开间，少量一开间或三开间。有些联排店面，显然是同时建造的，五间或七间，但并不是一家店铺。看来当时已经有了初期的房地产业。两开间的店堂，一间设曲尺形柜台，一间开放。都是铺板门面，早晨一卸板，顾客可以在街边买东西，也可以走进开放的一间。这开放的一间，据说当初有太师壁，挂中堂画和对联，置八仙桌和扶手椅，并有茶水，不但顾客可以取饮，路人也可以。曲尺形柜台的两端都有匾，叫“万年牌”，一般黑底金字，书写有关本店经营的熟语，如药店写“橘井流芳”，酱园写“梅葛遗制”，笔墨店写“千载存真”等。店堂后进是住家，二者之间有一个极窄的天井。因为房子狭小，二楼大多住人，向前挑出几十厘米，用牛腿承托。楼上正面大多为板壁，开窗。窗下槛墙有贴花式栏杆做装饰的，更多的是在下沿的花枋、花板上做华丽的浮雕。雕刻题材很随意，有草花回纹，也有博古、暗八仙甚至文房四宝、琴棋书画。少数做开光盒子雕故事人物。牛腿大多雕卷草，没有见到很精致繁复的。

婺源的乡镇村落里，绝大多数古旧建筑，包括住宅、宗祠、庙宇、书院等，都是内向的，因此它们的街巷都是夹在封闭的、呆板的、高高的粉墙之中的狭缝，曲折而阴暗，给人一种沉闷的压迫感。而商店，它们的性质要求它们是外向的、开朗的，是欢迎人进去的。它们需要的是使人觉得亲切和易而不是使人厌倦压抑。因此，商业街道在乡镇村落中是最人性化的空间，充满了生活情趣。尤其是它们的尺度不大，街上过往的人可以很直接地和店里的人交流。这些店铺大多是乡土性的，开店的和购物的是邻里故旧，以致店铺常常成了公共交往中心，密切了村里人的感情，地缘关系就这样潜移默化地代替宗族血缘成为人情的纽带。

---

① 为建新街，砍光玉屏山脚的树木，因此现在一下雨，地表水就流向老街，老街下水道久已淤塞，积水难排。

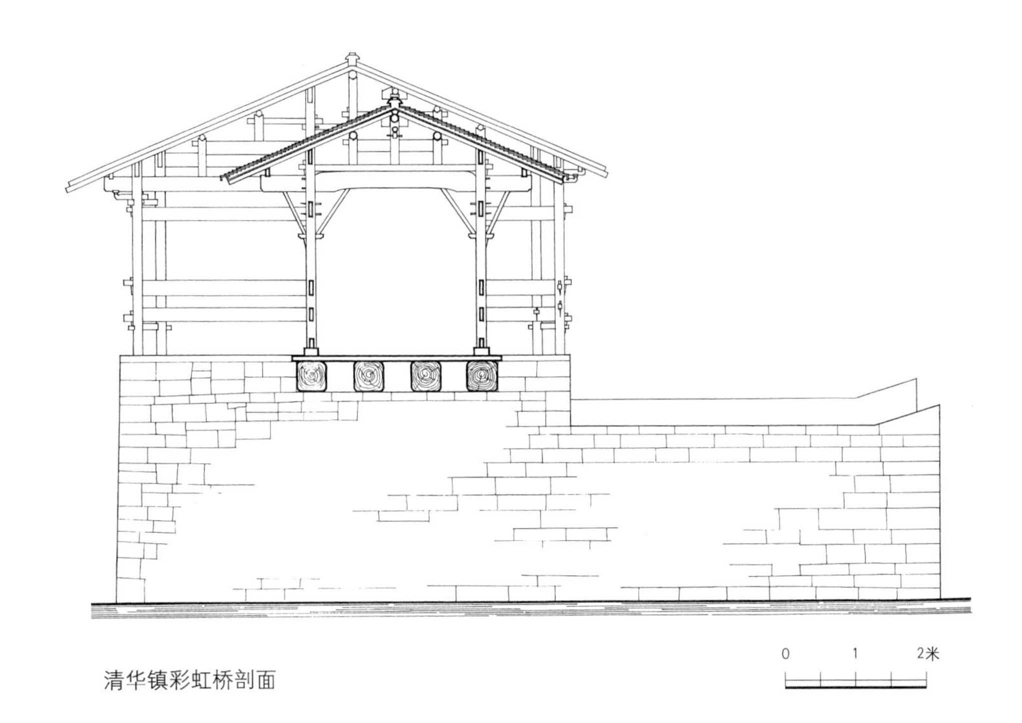

清华镇彩虹桥剖面

建立在血缘关系上的清华镇开始向地缘社会转化，这是商业经济代替农业经济成为主导经济因素的历史的进步现象。

我们在清华镇住了十几天，这期间不断到附近乡村做调查，也陆陆续续调查了本镇的建筑。但是镇上古旧建筑已经所剩无几，尤其是公共建筑、礼制建筑和宗教建筑竟没有留下一座。剩下的住宅和店铺，大都很残败，也没有人爱护，一个当过一百四十年县治的千年古镇，这样很快就会完全消失，我们心里很觉得伤感。虽然新街上的房子一幢比一幢漂亮，一幢比一幢高大，未来的清华镇将是很跟得上时代的，但是，它将失去它全部的历史痕迹，失去它的所有的记忆。一个没有历史记忆的生活环境将是十分贫乏的，十分可怜的。何况清华镇有过不平凡的、辉煌的过去。

我们希望多找回一点清华镇的历史记忆。但是，镇上似乎已经没有一位能够闲话天宝遗事的耆老了。金邦杰先生知道还存在一部《清华东园胡氏勋贤总谱》，我们四处打听，传说在江西上饶的一支胡氏子孙那里。我们几乎一筹莫展。

有一天，到设在古街上原来江氏宗祠遗址的村民委员会去，村支部书记忽然说，他父亲保存着一部胡氏家谱。不过，老人家非常珍惜这部家谱，专门做了一只铁皮箱子锁起来，非但不给人看，甚至不肯让人知道。支书怕说不服老人家，所以一直没有告诉我们，看我们想得紧，才吞吞吐吐说出来。这部家谱一向由老人家保管。“文化大革命”时期，他在广州茶叶公司工作，没有回家。他老伴不识字，支书年幼，都不知道这是什么书。所以，“革命派”大烧家谱之类“四旧”时，他们没有把它交出去，这家谱才逃脱了劫火。后来老人家退休回来，把它当成了宝贝。我们决心试一试。摸到书记家，老人家正傍着火桶取暖。毕竟在外面工作过几十年，听我们申明来意，他立即答应了。颤颤巍巍站起来，扶着拐杖去取，步履很艰难。老人家叫胡子元，1913年生，他大概是清华镇胡氏宗族关系的最后一位代表了。连他儿子都把他对家谱的庄严态度当作笑话。

他抱来了铁皮箱子，我们赶紧擦干净桌面。家谱叫《清华胡氏仁德堂世谱》，线装十四册，道光戊戌年（1838）重修。我们征得老人家同意，选了一部分拍照。又怕拍照不清楚，想拿进城去复印，但“谱牒训”明明写着“谱牒宜宝焉，爱护莫借鬻”，老人家很认真，我们只好求支书偷偷拿出来。支书说：可以，不过，要看铁皮箱有没有上锁，如果锁了，就没有办法，如果没有锁，晚上可以偷出来。第二天早晨，支书向我们摊一摊手：锁了！于是，我们横下一条心抄录了一整天。“仁德堂”是清华胡氏总祠，《仁德堂世谱》对历史、文化、人物等等的记载很全面。根据这部《世谱》，对照遗址残迹，我们终于对清华镇鼎盛状态的面貌有了稍近完全的认识。认识多了一些，铜驼荆棘的感慨也深了一些。[1]

---

① 清初思想家徽州人戴震（字东原，1723—1777）多次反对方志中写八景、十景之类。在《与段若膺论县志》中说：“至若志之俗体，凑合八景、十景，绘图卷首，近来名手颇有知为陋习宜削去者。”我们在工作中觉得，志书和家乘中的八景图等往往有很高的参考价值。恨其不确不详，不厌其有。

从建筑的角度看，清华镇所剩建筑中最值得骄傲的是它的两座桥，一座是西头的彩虹桥，通景德镇的大路所经，一座是东北角的聚星桥，通徽州府的大路所经，都是石墩木梁的风雨桥。另外至少还有四条木板凳桥。1985年，修通了往沱川的公路，造了一座钢筋水泥的公路桥之后，就拆了聚星桥。木板凳桥也不再架设，现在只剩下彩虹桥了。彩虹桥在村西将近百米，在婺水向北环弯的地方，走向东西。它长140米，有四个石砌的桥墩，五个桥洞。桥墩长13.8米，宽7米，迎上流做分水（燕嘴）。桥洞跨度大小不等，在12米上下。每洞架四根大木梁，上面密铺木枋，形成桥面。桥上造廊，两坡顶，洞上的跨度小，只有4.5米，墩上的跨度大，有11.5米，前后都凸出。因此墩上的和桥上的廊子结构分开，各自独立。而且墩上的廊，屋脊明显高于洞上的，外观轮廓有起有伏，产生了节奏感。桥内的空间也因宽窄的变化而产生了节奏感。墩上的廊，向北的凸出比较大，形成完整的小空间，摆着石桌石凳。桥的两侧设通长栏杆凳。倚栏眺望，南面正对锦屏似的五老峰和云雾缭绕的茱岭。东北烟波连天，渔舟在板桥下悠然漂过，左岸层层山冈，右岸竹丛掩映着村落，白粉墙在青翠的竹叶间闪闪而出。走到桥西端，前面山冈顶上，“文化大革命”前曾经巍然矗立着十几米高的文笔。东端第二个桥墩的南端，也就是它的燕嘴上，有过一座经幢，它北面的凸间里，有一座神厨，供着三个神位，正中是“治水有功大夏禹王”，左右两侧分别是“募化僧人胡济祥”和“创始理首胡永班”。楹联“两水夹明镜；双桥落彩虹”，摘自李白的诗。横批“长虹卧波”。这个桥墩在1983年被洪水冲垮，1986年8月修复，神厨是重建的，木构的小建筑，有很高的翼角，挂落做成水波和红太阳。这一对楹联大约也并非原制。经幢在“文化大革命”时被拆除了，现在在村里古街西部的转弯处，原仁德堂遗址边，离通往彩虹桥的小巷口（也许是古方头巷）大约三十米，土地上横躺着一段残损了的经幢，灰白色大理石的，八边形，直径五十厘米左右，每面相间刻着“南无阿弥陀佛”六个字和一个佛龛。很可能，这就是原来桥墩上的那个。

清华镇彩虹桥

彩虹桥东端南侧，水边有一块石矶，摩岩刻“小西湖”三字，传说是明代嘉靖年间吴派篆刻家文彭①和徽派篆刻家何震②到这里赏玩山水时题下的，有款。嘉庆二十二年（1817）婺源知县觉罗长庚（满人）曾重刻加深。矶上另有一首刻诗是齐彦槐③写的：

睢阳庙外一灯孤，五老峰前飞夜乌；

---

① 文彭（1498—1573），字寿承，号三桥，苏州人。文征明长子，仕国子监博士，工书善画，尤精刻印。

② 何震，婺源县江湾乡田坑村人，字主臣，号雪渔。篆刻风格端重，名重一时，为徽派（也称皖派）开创者，与文彭并称“文何”，著《续学古编》2卷。

③ 齐彦槐（1774—1841），字梦树，号梅麓，婺源冲田人，嘉庆进士。知府候补。精鉴疏，工书法，尤长骈体赋。造龙尾车、恒升车等农用提水机械，又创制“中星仪”天文仪器。有《双溪草堂诗文集》《梅麓诗集文钞》《书画录》《天球浅说》《中星仪说》《北极经纬度分表》《海运南槽丛议》等著作。

绝好荷花无一柄，月明空照小西湖。

仿佛对眼前景致很有点凄凉的感慨。

所以，彩虹桥头有一副楹联，写的是：

胜地著华川爱此间长桥卧波丑峰立极；
治时兴古镇尝当年文彭篆字彦槐对诗。

桥廊建筑十分简洁，做法和去甲路村中途的凉亭以及思溪村的风雨桥相同。构件方正平直，斩截整齐，结构和构造全部简单明了，榫卯搭接一清二楚，没有多余的东西，完全合乎严谨而简洁的理性要求。施工制作也都经济方便。同时，每个构件本身的长、宽、厚尺寸之间，构件与构件之间，以及构件与整体之间，配合得非常和谐匀称。这个桥廊建筑的结构美，完全不同于婺源县住宅和宗祠之类中常见的装饰美。住宅和宗祠中也可以见到很动人的结构美，但它们总还有装饰，还有刻意的加工干扰结构美，而彩虹桥则是纯粹的素净白描，天然自如。在一个惯于往建筑上堆砌装饰的地区，同时在桥梁和凉亭上还有这样一种工艺传统，或许是因为有两种工匠，造房子的和造桥的。不过，这只是猜测，并没有有力的证据。

彩虹桥离清华镇居民生活区比较远，所以没有成为日常的交往中心。据说到了炎热的夏季，许多居民到桥上乘凉避暑，晚风吹来，带着水上的清爽气，消去一身汗热。没有蚊蚋，只见萤火飘忽，一明一灭。蒲扇不举，烟袋不燃，老人们半睡半醒，喃喃着含糊的话。这时月上东山，水中闪烁着鱼鳞似的银光，丝丝波影，像颤动的水藻。这就是清华八景之一“藻潭印月”。

桥的东端，守桥人小屋的墙上嵌着一块1986年刻的石碑，碑文说桥始建于唐代。《婺源风物录》说它始建于宋代。但道光戊戌年编的《清华胡氏仁德堂世谱》和《婺源县志》都分明记载它建于清代乾隆年间。

道光戊戌年编的《世谱》说：

彩虹桥在方头溪，原胡仁德孙建木桥，乾隆庚寅，德公裔宏鸿，即林坑巷庵僧济祥与里人永班募捐，创建石垛，架亭设茶其上，至今并设祀祭之。

这济祥和永班的神位就在桥上大禹的左右。光绪《县志·义行》记得更加生动：

胡班（按：无永字），清华人，家于里之方头溪。溪当两源之冲，架木桥通行旅。山雨暴涨，则患叵测。班故贫，幼负贩供亲甘旨。尝夏月桥圮，阻不得归，誓成此桥，以济众危。自是修葺绋缅，视如己急。遇霜雪夜，辄披衣起，扫除之。如是者历二十六年。既又议易木以石，众皆首肯，推为部署，中遭洪水冲决，复督其成。①

同《志》并说胡班是乾隆时人。《世谱》中说的胡仁德，是胡从政（1379—1458）、胡礼道（1385—1457）兄弟二人的合称，他们热心乡土建设，可能有人把胡仁德误认为仁德堂始祖唐末进士胡学了。

清华镇东北下市的聚星桥，走向为西南至东北，《世谱》也有记载：

聚星桥，京省通津。五显庙头陀隐谷募建，后车田洪宗益独建三垛，余皆陆续而成。吴楚舟楫俱集于此。今架亭设茶于桥上。乾隆甲子五月大水倾，重圮重修。

此记没有说明初建年代。乾隆甲子为乾隆九年（1744），则始建

① 但嘉靖《婺源县志》中的“古县治图”中，彩虹桥及聚落桥已均为石垛。

时也可能是乾隆初。家谱方志，往往记载不清，尤其于年代不很在意。又说“今架亭设茶于桥上”,《世谱》编于道光戊戌，或许亭是道光年间造的。从《世谱》中的八景图上看，聚星桥和彩虹桥一样。因为迟到1985年才拆毁，所以镇上人记忆犹新，也能确认它与彩虹桥是一样的。

聚星桥南连古街东端的关圣庙，对岸便是如意寺。右侧浙水注入婺水处是八景之一的“双河晚钓”。

《世谱》中另记一座丁字桥：

> 相传岳武穆布丁字阵于此，故名。原为京省通津，后改造石垛建亭桥于五显庙前，此桥只为居民渡处。

五显庙在下市，也就是古街东端，建于明晚期，后改为关圣庙。八景图上，关圣庙前除聚星桥外，西侧另有一木桥，或许就是丁字桥。这段文字没有写清楚，可以理解为“石垛建亭”的桥与“此桥”不是同一座桥，则一为聚星桥，一为丁字桥。

清华镇老街居民虽然还有不少从事农业，但它毕竟自古以来就不是一个单一的血缘村落，而且大约早在宋代就是一个商业繁荣的水陆码头，所以居民中像胡子元老人家那样熟悉历史掌故、对乡土有深厚感情的很少，我们在附近农村里走，总会遇到一两个上了岁数的人，甚至中年人，对我们讲述村子过去的辉煌成就，包括科举、仕途、商务，也包括文昌阁、文峰塔、大宗祠等，都怀着一份自豪和惋惜。但在清华古镇，我们却没有找到这样一个人，他们都很重眼前的实际，盘算着把日子过好一点，对过去的历史既不清楚，也没有兴趣，更谈不上感情了。我们向许多人探询《世谱》八景图上的各种建筑物的位置，得到的都是痴痴的一笑，摇摇头。倒是还有人记得方头巷边的仁德祠，那是清华胡氏总祠，前些年卖给了收购旧木料的，拆走了，并没有人觉得遗憾。我们穿家进户，常常见到精美的门窗槅扇、护净、退步门之类被卖掉的痕迹。只要我们一赞赏这些，便会有人问：你出多少钱？方头巷东北的一条无名巷子里，有一幢很精致的住宅，前院的客厅楼下却砌着一道烂砖墙。我们问一位大姑娘，她说，槅扇卖掉了。多少钱？八扇槅扇卖了五十元。卖给谁了？“福建佬”！“福建佬”满乡下转，收购乡土文物，大多是运去海外的。这种冷漠倒也许是一种进步，提倡市场经济嘛，一位党委书记上身前倾，伸出右手，大拇指轻快地捻着食指和中指，甜甜的声音说：“要钱呀，钱可是好东西！”真是活到老，学到老。不过，我们如果把历史上的文化成就积累起来，用一种向前看的眼光，丰富我们的精神生活，提升生活的品质，那么，它们是可以成为推动社会向前发展的因素的，那将是更上一层的进步。

因此，我们仍然抖擞精神，去探寻封藏在灰尘和蛛网之下的先人的智慧，去理解产生那种智慧的生活。

清华镇的古老住宅一般并没有大的特色，和延村、理坑、黄村、洪村的大致一样，但保存的情况还远远不如那些村里。

全镇最大的一幢旧宅是位于古街中段南侧的“贡元府”。它纵向有三条平行的组成部分，当中一条最宽，是基本部分，右侧是客馆，左侧只剩最后面的厨房、餐厅，前部已经被分了出去，改造成独立的住宅了。旧宅后面，也就是南面，是一座大花园。

它临街开一个八字墙门，朝北，有简单的雕砖门头。进门是一间门屋，两侧有木条凳，是门子仆役们坐的。穿过门屋，进入前院，当中正门的雕砖门头就远比大门精细了。门两侧各有一个六边形的旗杆石，刻着“贡元”两个字，没有朝代年号。《世谱》里也没有关于这位贡元的记载，恐怕不是胡姓的人，或者是晚于编撰《世谱》的道光朝。走进正门，里面是一个天井式四合头加一个后天井。前面倒座两侧有卧室，即下房，而厢房则是完全敞开、不做装修的。门厅里有樘门，与前堂的太师壁对应。做法与洪村、理坑的一样。

前院的东侧是客厅，槅扇也已经没有，垒一道矮墙挡着。楼上的槅扇还在，越精美越叫人觉得凄凉。客厅后面便是客馆。

正屋左右各有一个夹弄，其中之一是楼梯间。楼上，正厅中央是一座神厨，并不很精细华美，特别之处是在背后有一个大柜子，据说用来暂厝棺木。

这种神厨有很精美的，方头巷附近那家卖掉了客厅槅扇的旧宅，楼上的神厨就极好，是小木作的精品，和理坑“九世同居”府邸的很像。

清华镇上，除了住宅、古街和彩虹桥外，其余公共建筑、宗教建筑和礼制建筑全都被毁得片瓦不留，我们不得不从宗谱和方志来追想一二。

《世谱》载胡氏宗祠四座，总祠为仁德祠，“在方头巷上，祀始迁祖常侍公（按：即胡学）以下祖先，右旁建据依书屋”。另有支祠承德堂、怡愉堂和恩义堂。方头巷大约就是正对通彩虹桥的巷子，清华古街在这里转一个弯。仁德堂正在这个转弯处。写于康熙年间的《仁德堂门楼记》说：

> 仁德堂肇建于嘉靖年间，地据上游，面阳负阴。不事丹楹刻桷而体裁宏正，甍栋崔巍。国朝初增以寝楼，加以重造。……但门当衢道，微嫌直射，祠前便店又安土重迁，虽有经制，无所获施。于是议移建大门于西廊，首事者卜云其吉。……爰鸠工庀材，宏开阀阅，草创既成，凝眸一盼，文笔耸其右，丁峰峙其左。大河环绕，远山屏列，地利得矣！

这篇文章写出了明代建筑比较朴素而宏大的风格特点，写出了阴阳风水对它的形制的影响，更有意义的是，它写到那些“便店”不肯搬迁，妨碍了总祠的完善。这说明，在一个众姓杂居的地缘性的镇子里，即使是大姓也不可能像血缘聚落里那样以完全的权威比较理想化地规划建设村子；也说明，那时镇上的商业不但繁荣，而且有了一定程度的势力。商业街显然不由宗祠来管理。商业中心和礼制中心分庭抗礼，总祠失去了在整个镇子的布局结构中的主导地位，镇子的布局和面貌由商业街来主导了。

《世谱》里有一幅《仁德堂之祠图》。祠堂由大门、享堂和寝室三部分组成。三开间。大门为五凤楼，歇山顶。寝室在高台上，两层。这些都是通行的形制。稍见特色的是临街造影壁，上书“高山景行”四个大字，接围墙形成前院。两侧有拱门，分别额“亨衢”“利涉”，可见商业意识已经渗入到礼制建筑中去了，而且胡氏宗族在商业上也有了不小的成就。大约街道从拱门穿过前院。从图上看，建筑处理的一个新异之处是享堂和两侧廊庑交接的阴角处伸出一个屋顶翘角来。

像黄村的经义堂一样，仁德堂的右侧有一座书屋，三开间，一进，有一个很宽大的前院。对一个封建的宗族来说，第一件要事是繁衍子孙，第二件便是作育子孙。在那个时代，作育就是期望科第连登。所以，在婺源，总祠旁常附书屋。仁德堂的一副楹联写明了这个主题：

五老列奇峰接踵才名纬武经文征国瑞；
双溪环秀水渊源理学启仁尚德振家声。

《清华胡氏仁德堂世谱》里还有一幅《清华胡氏勋贤统祠基图》。祠的布局和仁德堂完全一样，在寝楼注“奉安始祖及各派迁祖之神主”。寝楼前两廊，一为“迎宾馆”，一为“课耕所”。享堂前两廊分别为“乡贤祠”和“报功祠”。看来这是一座供奉始祖、各派迁祖和“德祖”“功宗”的专祠。因为有一部《清华东园胡氏勋贤总谱》，所以，推测这座祠堂或许造在东园附近。

东园在古县署的南边，清华镇的东南角。《世谱》载：

始祖常侍公致仕居此筑堂，曰“清凉堂”。外曰“最乐”，又外有台曰“平心”。下得五亩园，种牡丹数十本，曰“四时春亭”，曰“赏春”。西有茂林修竹，翠蕉芳丛，亭曰“真美”。中有“喜厅”，厅右曰“宴堂”，左曰“宿堂”。公每日观书其中，自号东山翁。有诗集《东山集》。

园中还有“爱山堂”“娱采堂”“逸考堂”等建筑。

常侍公胡学致仕在唐末文德元年（888），那时东园已经规模这么大，有亭台厅堂和花木蕉竹，他在里面过着文化品位很高的退隐生活。

《东山集》中有《园亭对客》诗：

归来三径未全荒，检点韶光上草堂。
客到便教花索笑，诗成每信水流觞。
松间看剑龙犹啸，竹底弹琴凤欲翔。
谁道渊明长已矣，故人谈笑未能忘。

可见清华镇当时文化氛围很浓。

北宋真宗时清华名儒胡定庵曾建“万卷书楼”，《世谱》载“在官仓背”，早已不存。

《清华古县图记》说，除了读书做官之外，清华“又有以道德显名当世，以隐德耽乐泉石者”，耽乐泉石者之中，有个明代晚期嘉靖、万历年间的胡相，“雅好清淡，环轩以竹，因以自号”，就是“竹轩”（见《竹轩记》）。轩邻东谷，东谷风景优美，是胡相的兄长胡琪的产业，琪“贾湖阴，所积优裕”。徽商多少有一点书卷气，号称“儒商”，所以也会有些风雅的兴致。从记述看，东谷离东园不远，大约在玉屏山南。类似的建筑还有“浸月山房”“碧潭精舍”和“松源别业”。《世谱》记清初胡宏旭“经商渐裕，晚年屏谢外事，建溪津别墅，栽花种竹以自娱”。

虽然《清华古县图记》说清华胡氏历唐、宋、元、明，“甲第蝉联，簪缨奕叶”，实际上科举成就并不显赫，到明晚期以后，像徽州各邑一样，人才流向商业，科第更衰敝了。[1]于是赶紧建文昌阁，企图重振文风。据《世谱》，清华有两座文昌阁，“一在庙坞口，明末毁，遗址存；一在下市方塘旁，址废无存”。《八景图》上只有庙坞口的一座，就在古街西南端。光绪《婺源县志·义行》明人“江宏”条：“江宏，清华人，事亲孝，乐施建，尝捐赀创水口文昌阁，为乡会所。又创造水口文笔，助基五显灵祠。”还造了些桥亭。清华水口当在东端，也就是“下市”东口，所以，这里确曾有过另一座文昌阁，也有过文笔，与五显灵祠相近。更重要的一座文笔叫方头塔，就在彩虹桥西端的小山上。《世谱》记：“在上市彩虹桥畔，原仁德公孙建，后德公裔仕栝增高六尺。”仁德公孙建了最初的木板彩虹桥，可能文笔与桥是同时造的。文笔在“文化大革命”中用炸药炸毁了。

为提高文化水平而做的更实际的努力是建造了富教堂。这是一座把社仓和书院合一的建筑。《世谱》载：“万历丙辰邑侯冯时来建。以两旁贮粟为社仓，中为乡先生讲业处，故名富教。邑绅余懋衡为之记。”余懋衡曾经在这里讲过学，可见它不是一般的蒙童学塾，而带有真正书院的性质。《论语·子路》记：“子适卫，冉有仆。子曰：‘庶矣哉！’冉有曰：‘既庶矣，又何加焉？’曰：‘富之。’曰：‘既富矣，又何加焉？’曰：‘教之。’”朱熹注：“富而不教，则近禽兽，故必立学校、明礼义以教之。”这座建筑仓学合一，《县志》也有记载。位置大约距古县署不远。它累废累建，太平天国战争中曾被当作兵营，毁掉没有再建。[2]

社仓是一种备荒措施，是社会救济性质的。平日储粮，调节粮价，遇到灾荒就救济穷人。和富教堂社仓类似的还有北仓。

---

① 清华镇在唐末有进士一名，即始迁祖胡学。宋代有七名进士，其中胡闳休为“知兵科”。明、清两朝只有各一名。不过，明、清两朝仍有些文士学者，不以科名显，却颇有著作。

② 光绪《婺源县志》记清华镇黄家村首有一座教忠书院。书院址在原抗太平军的团练局内，有奉祀殉难人员的楼。太平天国战争平定后，改为书院，左宗棠题团练局大门“教忠”，楼曰“昭忠德馨”。

清华镇毕竟是个“吴楚舟楫俱集于此”的水陆大码头，商业繁荣，所以早在宋代就设“税课局”，在上市，《八景图》中有。建筑未见类型特色。另外还有维持治安的“清华铺”，用来给戍卒和传递邮件的人住。这两种建筑在《世谱》上都记“今已无存”。但它们过去曾经有过，这一点很有意义，它们代表着一种社会需要，这需要产生于清华镇商业经济的发展。新的社会需要将促使新建筑类型的出现。

清华镇当然还有一些佛寺、道观和淫祠。《世谱》中所见比较重要的是：

如意寺：“在双河来龙山麓，旧名荷恩寺，唐开元二十八年（740）胡长老建，宋大中祥符元年（1008）赐今额。”

慕云庵：“在中市对河张公台”。

神光寿圣观：“在灵芝阁（山）上，宋时德安府知府胡照建，奉五圣，嘉定十六年（1223）赐额，元末毁于兵火。”又道光《徽州府志》：“神光寿圣观在清化灵芝山，宋嘉定十六年因孙法篆胡高士立石祷祈屡应，胡知府照创永兴道院居之，申省部建，赐额。”

善庆庵：“亦在灵芝阁上，神光寿圣观畔，废久失考。”（按：灵芝阁在下市）

五显庙：“在下市桥头，原移灵芝山五圣于此（按：即神光寿圣观所奉者）。康熙乙丑（1685）毁五圣像，改奉关圣、胡帅、齐帅。”这就是后来的关圣庙，对聚星桥和丁字桥起定位的作用。五显庙又名灵顺庙。道光《徽州府志》载：

> 按《祖殿灵应集》载：唐光启二年（886），邑人王瑜有园在城北隅。一夕红光烛天，见五神从天而下，威仪如王侯，据胡床言曰：吾当庙食此方，福庇斯人。言讫升天去。明日一人来相宅，良佳处也。王瑜闻之有司，捐地输帑，肖像建庙。复拨水田为修造洒扫之备。四方辐辏，祈祷立应。闻于朝，累有褒封。宋雍熙（984—987）间，邑大疫，知县令狐佐梦神教以禳送之说，

乃以四月八日即庙设斋，遂为故事。

这是五圣庙的来历。婺源共有四座，除城北者外，清华有其一。此外还有山隍庙、婺女三圣庙和土地庙等。前二者在寨山下，后者在旧邑治前。都建于唐代，宋南渡时尚存。可见唐代在清华置婺源县城的时候，县城的重心在东部，古邑治附近。这里正是婺水船运的终点。现在因为林木毁伐殆尽，水源大减，船只不能来到了。

清华镇正西三里路，有一个小村子，零落几户人家，散布在山坡山脚，掩映在竹树之中，参参差差，明朗活泼。临公路一座房子，前面屏着一道短墙，开几个漏花窗，墙后冒出一棵树，浓绿一团。看多了阴暗曲折的小巷，看多了封闭沉闷的住宅，几次乘车路过，见到这幢房子，都使我们眼睛一亮。一天早晨，我们步行顺路找去。找到了那家，主人一家三代陪我们坐着聊天。他过去在杭州清泰坊经营开泰布店，会说江南官话，我们能听懂。下雨天，有点阴冷，老人家给了我们每人一只手炉。婺源农村住宅都极不利于抗寒保暖，所以冬春都要烤火。烤火用具大致有三类：一类是火盆，低低的方形木架子中央放一口大铁锅生炭火，便于围坐，便于烤脚。有一种竹编的罩子，扣在上面可以烘干洗了的衣服。一类是火桶，小型的如圆凳，下面生火，人坐在上面。也可当小茶几用。大型的，人坐在桶内，下面生炭火。更大型的能对坐两个人。幼儿的站桶下面也可以生炭火。第三类就是火笼，或者叫手炉，随身提着走。外面是竹编的篮子，里面安一个瓦罐。烤火燃料都是木炭，叫硬炭或白炭，用松木烧成。烧炭是林区的一大行业。

这个村子现在叫金村，1949年以前叫恭村。全村不过十几户，都姓胡，是从清华镇分出来的。因为人口少，仍旧属清华镇的胡氏总祠，村里只有一个“小厅”，就是正式立房派之前的萌芽状态的“分祠”。我们来访的这座住宅，就是原来的小厅。布店老板的儿子当了“共产主义劳动大学”的农场场长之后，就占了这座小厅住家。

这小厅按惯例采用住宅的形制，前后天井式，坐南朝北，也就是朝大路，前几年场长住了下来，彻底改造过了，我们远远见到的活泼的体形，正是改造的结果。它的前院是旧貌，铺着卵石，种些花木，围墙上开几个花窗，俨然小园风情。雨多苔生，卵石碧绿，映衬着粉墙，雅洁之至。

清朝初年，清华镇上胡姓某家经营木材而拥有三百多万两银子，看中了正西三里路外的金村这块地方风水好，在这里兴建了大宅，就在小厅对面一百多米的小山丘下，坐北朝南。质量超过清华镇的任何一幢房子，远近闻名。小村渐渐发展，有了小厅，甚至有了书院。太平天国军队来了之后，破坏惨烈，所幸大宅还没有全毁。后来左宗棠率部驻扎在小山丘上的书院里，赠给书院一块题匾，“更上一层楼”，20世纪50年代初土地改革时被砸烂。书院也在“文化大革命”中被拆除，改建成了共产主义劳动大学一所农场的附属小学。

我们辞别老人家，顺公路往北，穿过一片水稻田，来到金村的另一半。再向西沿一条大约五米宽的小溪走不远，在几棵大树下过石板桥，就到了一座大宅的门前。真是“小桥流水人家”的景致。院门朝东，进门是一个前院，有六七米宽，极精致的卵石铺地。西墙也有一个门，跟我们进来的门对称。南墙根种着几棵树，有枇杷，有桂花，有石榴，都很高大。墙上有两个镂空花窗。窗外山青水白，一个农人身穿旧式的蓑衣，赶着水牛耙田，快要插秧了。前院里散放着几个石鼓，当凉凳用的。我们推开正中朝南的门，眼前是一方豁亮的院子，正厅三间通敞，其余三面围着敞廊。正厅在高高的台基上，尺度很大，在后金柱设樘板，从次间有门通向后面。大厅之后的部分已经全毁，房主在大厅后檐步搭了个夹层当卧室，外面再接了个披屋，漆黑一片。照遗址看，大厅之后本来是天井，那里三间正屋、两间搭厢，都有楼。左右两侧都是厨房、杂务等的后院。这种住宅，我们以前在浙江省兰溪市的诸葛村见过，那里把它叫作“前厅后堂楼”，是当地住宅中最高档的。这次在婺源，只见到这仅有的一幢。比起我们在延村见到的住宅，它的内外之别更加严谨，过去，外人一般只到前面的大厅，女宾才能到后面。年时节下的祭祀，婚丧喜庆的礼仪，都在厅里举行。男主人刚刚亡故，我们到的那天，明间中还设着灵堂。

这幢房子不但形制规格高，工艺也极为精致。满院铺着青石板，阶条石棱角分明。柱、梁、枋用料考究，加工方正平直，十分挺拔。月梁的曲线流畅柔和，梁托之类的雕刻构件繁简得体。椽子根根笔直，粗细一律，间距均匀，望砖平正而严丝合缝，经两百多年的风雨还颜色如新，没有水迹。山墙用木板做一米多高的墙裙，以上贴吸壁樘板，至今还是不走闪，不凹凸，不歪斜，没有缝隙，充分显出匠作手艺的高超。因此也显出了各部分、各构件的长短宽窄大小之间比例的和谐以及色泽、材质的协调。建筑美学基本上是一种技术美学，它包含工艺美和形式美。而在工艺美和形式美的背后，则是创造性的智力劳动和体力劳动的美，是创造活动本身的美。我们在这座住宅的大厅里深深被工匠们精益求精的创造热情感动了。使我们更为惊异的是，这房子至少在近几十年里并没有受到比较好的维护，20世纪50年代初期以后，它被分给三户人家居住，厅里、院内、廊下，胡乱地堆满了木柴、农具和各种破烂的杂物，鸡和猪自由自在地闲逛。所幸的是没有在大厅和围廊里砌柴火灶。

在庭院里看，大厅正面的骑门梁上，雕刻着情节性人物场面，在“文化大革命”里全被铲毁了。其余三面都是云纹，宛转舒卷，灵动有弹性，尺度也适中，装饰效果极好。正厅次间，在与两廊相接部分之外，有雕花槅扇，这是唯一的小木装修。整个看来，这住宅没有过于溺爱烦琐的雕饰，比较朴素有分寸，格调高雅，很大方。不过，跟延村的某些住宅一样，它毕竟不是纯正田园风味的，有点商人气。

这座住宅，门外有小桥流水，前院不但花木葱茏，而且有漏窗打破封闭性，进了正门，庭院宽敞明亮，再加上它特殊的“前厅后堂楼”的形制，都和婺源其他住宅的风格很不相同。很可能，当年建造时候是从外地聘请了工匠。

我们没有受到这幢大宅房主的欢迎，一位老太太很不高兴地阻挠我们参观，肚子又饿了，只好离开。回到小厅前的小杂货铺，那位老人家邀我们坐下，告诉了我们一件趣事：金村家家户户的大门，两扇门扇都宽一点，关不拢，因为初迁金村的老祖生肖属狗，忌讳“关门打狗”。这规矩，直到现在，新造的房子仍然遵守着，不敢违犯。虽然听了好笑，但乡人们的迷信，尤其是坚守到如今，很叫我们感到沉重。

辞了老人家回清华镇，中途远远望见镇外的彩虹桥，桥上阴云渐浓，潇潇的春雨又洒到了眉梢。

汪口村

在清华镇住了十来天，暂时结束了婺源北乡的第一阶段的工作，我们动身搬到江湾镇的汪口村去，在那里开始东乡的工作。

这天春阴漠漠，细雨霏霏。宛转滚动的白云一忽儿勾出山峦的层次轮廓，一忽儿又把它们全都隐去。田里，塑料薄膜的大棚已经拆除，露出一块块碧绿的秧畦。有些田块插上了秧，若有若无地闪出淡淡的嫩黄色。溪水涨得很满，处处都有急湍翻飞着白花。采金船停止了作业，静悄悄的好像没有人。星星点点的村落散布在田野中，粉墙映着新绿，活泼地跳跃着的马头墙，洋溢出青春的活力。打着花伞的姑娘在村口唤渡，一只小木船从树丛中出来，慢慢摇了过去。婺源人朱弁，在南宋高宗时出使金国，羁留北漠十五年不屈，他写过一首《送春》诗，其中的颔联是：“结就客愁云片段，唤回乡梦雨霏微。”一位拒绝威胁利诱的铮铮铁汉，梦中的乡关就笼罩在春雨之中。春雨真是缠绵，它把一切景物变得温柔多情，落在人们的心上，任岁月流逝而不去。

到了汪口，在水电站住下。小院里有一棵大樟树，树荫外是百十来米宽的段莘溪。溪水如镜，映着近村远山，偶然有打鱼的鹭鸶船轻轻滑过，留下两条水波，向岸边漾去。顺溪走一里多路，就是汪口村。

段莘溪发源于北面浙岭的另一侧，羊肠般千回百折奔腾南下，离江口村还有五里，猛一转弯流向东南，再回头又折返西北五里，汪口村就坐落在这个急弯底。把段莘溪逼成这副模样的一条窄窄的山脉，由西北而东南顶在村后，这是汪口村的“来龙”，它的尽端就是村子的祖山，叫后龙山。据风水术的说法，这形势叫“龙饮水”。另一条小一点的江湾水从东而来，就在村对岸偏左与段莘溪汇合，相汇之后称永川溪。

汪口村坐北面南，村前的一段永川溪大致由东向西流，微向南弯。溪南一座郁郁森森长满了老树的山，是朝山。永川溪东有烟楼峰，康熙《徽州府志·山川》说它“远视可百里，宋岳飞屯于上流中平镇，以此峰顶遥望敌人往来旌旗，举烟相视，故名”。绍兴元年（1131），岳飞征李成曾过婺源，后人纪念民族英雄，多有附会，这则记载也未必可信，但却给汪口添了一点历史色彩。

据光绪《婺源县志》，当时“船行止此”。再上溯，到北面的段莘和东面的江湾、大畈，只通竹筏。这里是船筏的交接点。上游山里的木材，编排流放，到这里要解组重编为大排。从婺源到屯溪的古道，又要在汪口过渡。当年汪口是一个重要的水陆码头。

老百姓传说，婺源有四宝，其中两宝是：江湾的祠堂汪口的碣（读若贺），方村的牌楼太白的塔（读若拓）。四宝里现在只剩下一个汪口的碣。碣就是水坝，在二水汇合处往上不远的段莘溪，坝体西端有一个水道可以通筏放排。传说这坝是清初大经学家婺源人江永设计的，名叫曲尺碣，又叫平度堰，是为水陆码头的需要而建造的，至今牢固如初。

汪口是俞氏的聚落。俞氏先祖从山东迁到歙县，南宋时，朝议大夫俞杲来到汪口，这是始迁祖。当时村子因水得名，叫作永川。初在溪南，后来迁到溪北，成大聚，不久就出了进士俞君选，任官有政声。退隐终老，著有《艮轩小稿》。入明以后，只出过几位邑庠生。顺治丙戌（1646）岁贡俞鲲化，承家学，有《尚书汇解删补》传世。村子因交通、商业而繁荣，但遭到太平天国战争的破坏。光绪《婺源县志》载：“咸丰十年（1860）十一月，江湾、汪口民居被焚过半。”民国初年的“北佬”和以后的日寇侵华又使稍稍恢复的汪口再遭破坏，从此一蹶不

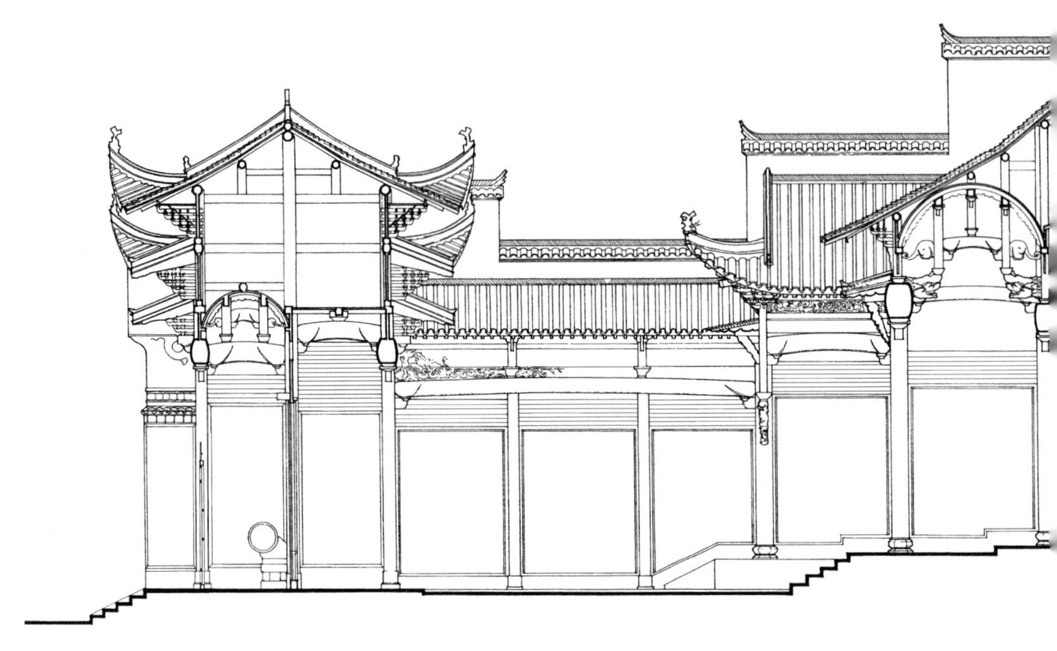

汪口村俞氏宗祠纵剖面

振。清代初年它号称“千烟村”，到20世纪40年代只有三百多户。现在有四百户，一千多人口。

村东口第一座建筑物是俞氏大宗祠。相距600米的村西口有水口建筑群。两者之间，村落沿“腰带水”延展，临水一条商业街，大约六百米长。水口建筑群旧有文笔、文昌阁、道观、尼姑庵和和尚庙。光绪《婺源县志·人物·义行》载道光至同治间村人俞起腾：“邑庠生，生平以培植根本为心。祖父经理宗祠书院，积累有余赀。腾继其任，增祀产，新堂构。后遵父命，输六百金修文阁，培坟荫，建两亭分守。”这段记载，除宗祠、祖坟之外，还提到文阁。一般制度，文阁都在水口。县志里还提到水口的另外两座建筑物，一座是翠柏庵，一座是栖真观。栖真观为“宋景定三年（1262）司户俞畤建，元至正壬辰（1352）兵毁，明洪武间孙文威重建”。水口建筑群在临溪高高的基岩之上，很占形胜。溪上往来船只，仰望这个巍峨的建筑群，不能不对这个人烟稠

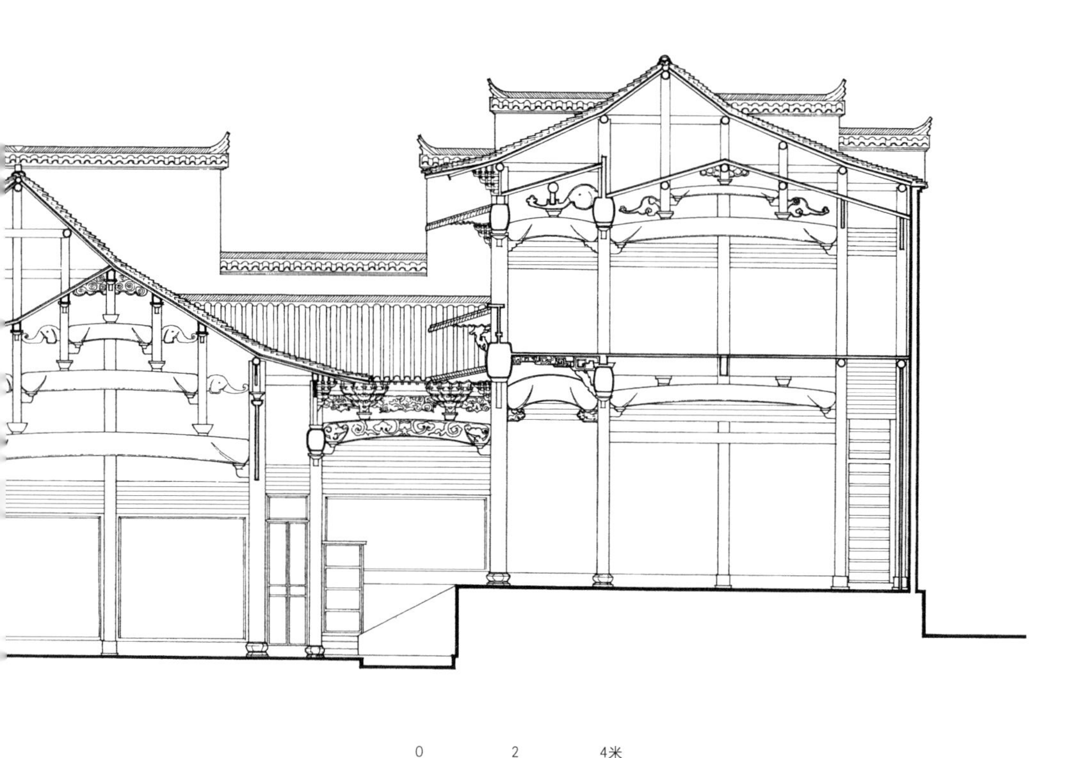

密、商旅辐辏的村子油然而生敬意。可惜它们在“文化大革命”中被一扫而光，现在只剩下几棵很大的樟树，树下是个水泥砖制作场。昔日的辉煌，没有留下一丝痕迹。

被一扫而光的，还有13座小宗祠。其中三座在商业街北侧，一座改为生产队队部，两座改为木工作坊，生产式样很拙劣，手工很粗糙，雕饰很烦琐的仿古式桌椅。

商业街叫“官路正街”，两边开店，南侧的店铺后墙架在陡峭的堤岸上，有一部分成吊脚楼。北侧的店铺背后，地势渐渐上坡，是住宅区，一共有18条巷子垂直于正街，巷中多有台阶。沿巷子有宽而深的水沟，石板为盖。水沟穿过正街底下，排向永川溪。住宅区里还有一条东西巷子，大致平行于正街，也就是顺等高线走。

村里没有水井，用水都靠永川溪。近来有了水电站，自来水通到了各家。

汪口村俞氏宗祠大门局部

汪口村俞氏宗祠

永川溪上有两条木板桥。一条在俞氏大宗祠前，叫聚星桥，康熙《安徽府志》说："在汪口渡。邑侯谭题名，有谭侯遗爱碑。"另一条在水口附近，《府志》载："曹公桥，唐龙纪中（889）曹仲泽建。明曹珏、曹俊重建，后圮。珏孙进士曹鸣远重建。"桥北端堤岸上有石碑刻"中流砥柱"四个字，不大切题。这段记载说桥建于龙纪中，则俞氏来定居之前，这里大约已有村子了。两座板桥各长一百多米，轻盈地高架在水上，通向长满了参天大树的朝山脚下，仿佛通向浓绿的仙界。

俞氏总祠是婺源县现存的宗祠中最完整、最华丽的之一，与黄村的百柱厅齐名。它位于村东端，前面是一个墁着石板的大广场，直抵溪边，紧靠二水汇合处，正对宽阔深远的大明堂。而村子的对岸则是贴水的一溜山丘。我们找到俞氏总祠的管理人，62岁（1932年生）的俞法尧先生，俞先生给我们开了锁，并且一直陪着我们。

总祠由大门、享堂和后寝组成，形制倒也普通。但享堂前与左右侧廊交接处的阴角上，向院子挑出一个高翘的翼角，角梁下悬一个垂花柱，构架雕刻得很华丽。见到了它们，我们立刻想起清华镇《胡氏仁德堂世谱》里的仁德堂图上有这两个翼角。俞先生说，这两个翼角之下的小空间分别叫钟、鼓楼。财大气粗的商人很想造一对钟、鼓楼，但有点顾忌，所以就造了这样一对翼角做表征。东侧的钟楼下现在还有一口铁钟站在地上，四面铸的字是“皇猷建极”“运会昌明”“箕裘叠衍”和“科甲连登”。在它们之下，各有一个圆圈，里面分别铸“福”“寿”“双”“全”四个字。这钟是“永川信士俞广发敬献”的，铸于“龙飞乾隆五十一年岁在丙午秋中月谷旦”。乾隆五十一年是俞氏总祠竣工的前一年（1786），它的施工期为五年，这钟上的祷辞和吉祥语都应宗祠的主题，可能专为宗祠铸造，不过，自署“信士”有点不伦不类。

俞先生介绍，早在明代就建了一座大宗祠，比较朴素。后来村人经营茶叶和木材富裕起来，读书有成的人也不少，决定另建一座更堂皇的，就是现在这座。明代宗祠在它东侧，早已拆掉了。现存这座确实很堂皇。它的规模稍逊于黄村百柱厅，虽然享堂只有三开间，但形式之精巧，雕饰之富丽，远胜过百柱厅。

俞氏总祠的总进深44米。砖墙外包总面阔，在大门处为15.7米，在寝室后檐为16.2米，比前面宽0.5米。这种做法出于堪舆风水的要求，前小后大，形如口袋，利于聚财；否则，前大后小，形如簸箕，是要散财的，很不吉利。

大门五开间，中央三间高起，成歇山顶三楼牌楼式，当地叫“五凤楼”。明间最高，用网状斗栱，次间用斜向的五跳插栱密密层层叠压。梢间向前突出，作青砖八字影壁。前檐柱之间设签子门。金邦杰先生提供的资料说，明间上、下花枋之间原有“俞氏宗祠”字牌，上花枋高浮雕“双龙戏珠”，下花枋是“双凤朝阳”，合而为“龙凤呈祥”。“文化大革命”中都被铲除，现在只恢复了字牌。

大门的背面与正面相同，不过梢间接两廊。正中字牌上书“生聚教训”四个字。它上面的花枋雕刻情节性人物故事，题材是“福如东海”和“万象更新”。下花枋雕“双凤朝阳”。这些也都在“文化大革命”中被毁，只恢复了四个字。明间骑门梁中央的开光盒子里、次间的花枋以及两廊和钟鼓楼的花枋，都满雕人物，有主题情节，都以园林为场景，有花有树，有亭台楼阁和小桥流水，也有飞禽游鳞。徽派园林有很高成就，徽商在扬州一带曾大兴园亭。同时，正在繁荣的徽剧和徽版插图刻书中的故事也常在园林中展开，所以建筑雕刻工匠偏爱园林风光。园林风光便于做变化丰富的构图，又多浪漫情趣，以致虽是背景，实际上反客为主，成为雕刻中最吸引人注意的部分了。

两廊各三间，前檐用通长的过海梁，长达8.6米。因此它的花枋上的连绵雕刻，场景构图很宏伟。

享堂三开间，大木作与洪村的光裕堂相似，极其优美。明间的前檐柱移向外侧接两廊前檐柱，骑门梁长达9.6米，开间宽阔，享堂显得十分开敞。前廊步做卷棚轩，梁架刚柔相济，富有装饰性。前后金柱间有七檩，所以三架梁、五架梁和七架梁格外轻盈疏朗、舒展和谐。梁的位置都大大低于相应的柱头，柱头直接支承檩条，横梁实际只起联系作用和承受上面的瓜柱。所以，这种梁架是穿斗式和抬梁式的结合。七架梁以上部分，做法与今通行版《鲁班经》里的“正七架屋格式”完全相同。婺源地处楚尾吴头，穿斗式是楚地流行的架式，黄村百柱厅、洪村光裕堂和汪口这座俞氏总祠，梁架的做法是地方传统，应该有很长历史了。

梁架条理分明，装饰简约，多有结构性。梁皆做月梁，节点处加散斗扶持，梁插入柱身而在另一侧出榫，榫头成卷曲的象鼻形装饰构件。花篮形的驼峰也是装饰重点，深雕花卉等。此外就只在月梁底面中央做通长薄浮雕带，题材是花卉，构图十分丰满紧凑，严谨有分寸，加强月梁横越空间的动势而丝毫不乱结构逻辑。月梁很薄，曲线柔和精致，轻灵得很。所有构件本身的形状比例、它们之间的间隔比例以及它们和梁架整体的比例，都十分和谐匀称，轻快舒畅。看到这样的大木构架，真

俞氏宗祠梁架木雕

是赏心悦目。

不过，享堂的风格与大门和两廊的风格不很一致，我们怀疑，享堂是早期原构，而大门和两廊后来修葺过。光绪《县志》载俞澄辉，“州同衔，业茶起家，道光甲申（1824）重建宗祠，输银一千两”。前引《县志》记载的道光至同治间村人俞起腾曾经“增祀产、新堂构”也可资证明。太平军的破坏可能是这次重建的原因。可惜没有了家谱，这些推测只好存疑了。《县志》又载俞正彪，见“族祠倾圮，首捐赀重建，妥厥先灵”。说明祠堂的破败与修建是常有的事。

后寝为五开间，神主供在楼上。前檐做得很华丽，构图类似大门。中央高起，用网状斗栱。次间前檐枋上各雕一龙一凤，合而为“龙凤呈祥”。楼上通间花槅扇。据《明史·舆服志》，民间禁用斗栱，按官阶定间架，并且“明初禁官民房屋不许雕刻古帝后圣贤人物及日月龙凤狻猊麒麟犀象之形”。后来清代也屡申前禁。但我们在农村见到，不但宗祠有用斗栱、雕龙凤的，连民居中都有。宗祠也不乏五间七架的。看来，“天高皇帝远”，朝廷禁令未必真能通行“普天之下”“率土之滨”。对这种禁令的实际效果不能估计得太高。

后寝的艺术设计，构思与享堂不很协调，也可能是后来修葺改动了的。

俞法尧先生介绍，以前享堂里挂许多匾。明间前檐挂“乡贤”匾，前金檩挂“父子俱史”匾。据说父亲是武英殿大学士，儿子是巡抚。没有宗谱，这些都不可考了。

俞先生说到汪口俞氏的一些风俗。祠堂年初祭祖的时候，70岁以上的人在寝室楼下吃席；60至69岁的，没有席，也不必担负什么义务；50至59岁的，负责在年初七发糖饼；40至49岁的，负担年初二祭典用品；30至39岁的，正月十九出钱请戏班子演戏。各分祠从正月十三起灯到十八止灯，由20至29岁的负责出灯谜，发奖饼。20岁以下的没有任何责任。不肖子孙一律不得参加宗祠活动。凡进学的都有奖励。在宗族势力统治时期，这些措施都起了“敬宗睦族”的作用，也都有教化意义。

俞氏总祠两侧都有两米宽的小弄。从前，东弄外侧是义塾，西弄外侧是花园。总祠附设义塾，几乎是常例。宗族一般都供养族中子弟读书，设学田，以田租收入供塾师束脩和子弟的膏火费、科举费用等。现在东西两者都已没有，只有义塾的两株月月桂，长得又高又大，当年在它身上寄托着“兰桂齐芳”的期望，如今依然花开花落，但早已没有人记得它的寓意了。宗祠背后的少祖山上，原有一座兆麟庵，同样的寓意，现在也没有了。

徽州人的善于经营，也表现在宗祠的管理上。前引光绪《县志》记道光至同治间人俞起腾，“祖父经理宗祠书院，积累有余赀，腾继其任”。同《志》又记嘉庆年间的俞镇琫，“国学生。琫竭力营谋生殖，置祀田，度支有赖。善青乌术，以妥先急务。又精岐黄，活人甚众”。不知这俞镇琫是否就是起腾祖父。他们主管宗祠公产的方法显然已不是坐收地租了。

汪口村的住宅，以天井式四合头的为多，倒座进深稍小，门厅内有樘板门。厢房大多不做前檐装修而完全敞开。全宅都装吸壁樘板。除天井和檐廊铺青石外，都满铺木地板。正屋楼上明间中央设做工精致的神厨，供奉三代先祖。正门前有狭长的前院。一端为院门，另一端为一间花厅，作为客厅。客厅有楼，楼上楼下都设通间槅扇，楼上甚至有做美人靠的，很华丽。院门常有一间门屋，讲究一点的也有楼，上下都设槅扇。这些都和清华镇的住宅相仿。

院门多为石库门，外面比较简单，有些只有眉檐一抹。也有一些做雕花青砖门头，两侧为垂花柱。但前院内正门的青砖门头很华丽，三间三楼式的不少，这是汪口村的特点。上下枋和柱子上部都雕满情节性人物场景，雕刻深，近于圆雕或局部为圆雕，风格与延村的大不一样，也远比清华镇的更富装饰性，风格与歙县、黟县的相近。这里是通歙、黟的正道所经。

我们在小巷里穿家走户，在村中心，意外发现了一座书院。现在是一家住宅。平面形制很像住宅而尺度小得多。院门在书院左前方，门头青石片上刻“掩翠”两个字。进院门便正对一棵虬干龙枝的月月桂。正门门头有上下枋和垂花柱，刻“养源书院”四个字。月月桂的绿荫下，侧面墙上镶着一方青石碑，是光绪十年（1884）三月二十三日“钦加同知衔特授婺源县正堂加十级记录十次吴”的告示。告示批准“汪口封职俞光銮”的一则呈文，支持他的请求，并做了一些细则规定和治罪的警告，“各宜禀遵毋违”。呈文的主要内容是：

> 职少孤贫，成童后贸易江西，辛勤积累，随置田亩。因思承先裕后，励学为先，而励学则储田为要。除存祀田、慰先灵、微派田亩为六子分析外，仍余之田另立户册完课，存为后人膏火之资。……唯恐日后弊生，或有不肖之子孙举此田而私废之，则励学将堕于半途，而砚田莫贞于悠远。为此，吁叩恩赏给示，以禁私废而杜私受。……（按：标点为本文作者所加）

由私人捐资兴学，这是封建农业时代办学的主要方式之一，捐资人中，幼年失学，经商、做工终有积蓄的占很大一部分，《婺源县志》里记载累累。徽州人外出谋生的多，与专事务农的不同，他们亲身体验到文化的重要，所以往往在有了经济能力之后，便乐于为乡亲子弟的学习做一点贡献。经商与兴学就这样互相促进。

养源书院不大，属于蒙养学塾一类。可用作课堂的只有前堂一间。后堂狭小，后进三层有晒楼。但它前堂太师壁左右的双扇门使我们感到极大兴趣。它们显然是当初的原物，大约是樟木板做的，上刻满幅装饰浮雕，灵芝如意，图案典雅沉稳，刀法极其细腻精确。这样精美的门扉我们在婺源没有见到过第二套。更其难得的是，太师壁前的长条案，居然也是原物。它两头的抽屉架上的抽屉和小柜门开在外侧，从而保持前方为一块整板。这板上的浮雕与门扇上的题材、构图相呼应，风格、刀法完全一致。条案面板长约2.4米，厚达10厘米，是樟木的。俞先生说，像这样尺寸的条案，在汪口村多的是，不足为奇，汪口村还有很多好东西。

大约正是因为好东西多，我们在街上走来走去，村里人都以为我们是收购文物的。因此我们工作起来常有麻烦。养源书院里的住户就说，参观、拍照都要给钱。本来我们打算把太师壁左右的两对门扇和条案上的浮雕拓印下来的，为了怕惹麻烦，就打消了念头。幸好第二天那男主人出去了，我们才乘隙而入，测绘了房子。

商业街在太平天国战争中遭到破坏，军阀混战和抗日战争中再受到打击。1949年之后更冷落了许多年。近年陆续恢复了大约三分之一店面，并不繁荣，不过供本村人买些零碎而已。店面都是门板式的，一大早卸下来，面街全部敞开。买卖就在街面上做。店堂浅，存了什么货，做着什么事，在街上一目了然，街道很不寂寞。只有一家吃食店，卖包子和油条，每次我们经过，都招呼我们。它附近不远有一家诊所，老太太躺在竹椅上打吊针，那位“医师”就伙同几个年轻人在旁边打麻将。

俞法尧先生的儿子开着一家理发铺，收拾得倒还干净，大镜子上挂一串五彩的塑料璎珞，墙上贴着十几张旧年历的美人照，“美目盼兮，巧笑倩兮”，挺可爱的。还有几张发式照，大约是景德镇或者什么地方复制的，颜色发绿，褪得淡淡的了。另外有一家理发店，挂着个“两姐妹美容厅”的招牌，却杂乱肮脏，糊在墙上的旧报纸已经被吃糨糊的老鼠咬得七零八落，不像能生产出漂亮脸蛋来的样子。

路南的商店，平面和空间比较乱。大多是临街一间店堂，后面是厨房，中央一间杂用空间。厨房的窗外望到溪流和对岸碧绿的朝山。有楼，但一般不住人，店家多住在住宅区。虽然多数的建筑质量不高，甚至简陋，从溪上望去，除一两座吊脚楼外，大多是用板片搭的，但目前的商店却大多在路南。路北的旧商店，多数的建筑质量比较高，平面和空间完整。路北不但目前的商店不如路南多，因为间隔着有住宅，还有三座小祠堂，所以过去商店也不如路南多。我们推测，很可能汪口村的这条官路正街，最初也是一条单面街，南边朝溪山敞开。路南的商店，是在商业日益繁荣，又兼修筑了抗洪堤岸之后，才逐渐增建的。

我们在商业街的中段，路北，见到一家旧糕饼店，很完整地保存着往昔的面貌。临街的店堂是两开间的，一间宽一点的装着排门板。另外比较窄的一间装的是一个曲尺形的柜台，朝街的一边短，向外凸出几十厘米，沿边缘有小小的精巧的栏杆。另一边长一点，顾客进入店堂，在这一边买东西。柜台下有抽屉。两侧的墙上都有吊柜，是存货用的。不但柜台和吊柜都是旧物，店里居然还保存着不少杆当年的大秤和秤砣。店堂后面有一间很宽敞的大厅，开着个小小的天井，像天窗。虽然也是为店堂服务的，却很整齐，柱、梁、枋都中规中矩。左右枋子上各有一块木板，浮雕着“刘海戏金蟾”。金蟾谐音金钱，同时，刘海手舞着一条长长的钱串。这是商业建筑中和商人住宅中常用的装饰题材。厅旁和厅后都有卧室。后进的右侧有一大间作坊。这房子是店、宅、作坊三部分合成的，现在已经很难找到这样完整的实例了。

大约因为旅游业渐渐发展，现在县、乡的干部们都多少知道一点要保护古老房屋的事。不过，他们注意的首先是祠堂，然后是“明代的”和雕刻精致的住宅。他们还不懂得从文化史的整体去认识各种类型的建筑物的历史价值，它们作为政治史、经济史、军事史、宗教史、教育史、科技史、艺术史等各个文化领域的实物见证和人们寄托记忆和感情的纪念物的价值。所以，书院、商店、水碓等就不被人们注意。这种片面性，短期内恐怕很难纠正，因为真正的文物工作还远远没有到达那里。怕的是将来注意到这些建筑物的时候，它们已经没有了。

汪口村两条板凳桥，做法与黄村的完全一样。我们到的那天，村头的那座在前些日子被山洪冲断，只剩下南岸的七八段。第三天半阴晴，有十几个人修复村头的桥，驾一只木船，装上原来贮存在祠堂廊下的桥板和架子，立一榀架子，搭一块板，一节一节地向北延伸过来。从清早忙到傍晚，整整一天，才架搭完毕。不巧，当天晚上又下大雨，接着下了两天，五天后，我们再到汪口，它又被山洪冲垮了，靠铁链拉着一头，长串的桥板，一节一节像蜈蚣，漂在岸边蠕动着，不知什么时候才能再架起来。这样的劳作，已经重复了至少一千年了。有人把板凳桥写进诗里，有人把它绘进画里，我们徜徉在这古老的诗情画意之中，不知是有幸，还是不幸。

李坑村

秋口乡的李坑，也是一座看上去素素淡淡的村子，很像黄村和洪村，只不过溪两岸都有房子，溪流穿村而过罢了。但是两个人和一幅图改变了我们的看法，甚至也几乎要改变我们对其他村子的看法。在近几十年的大动荡之前，李坑村，或者也有其他村子，不但并不像现在这样残破和败落，甚至也不那样简单。

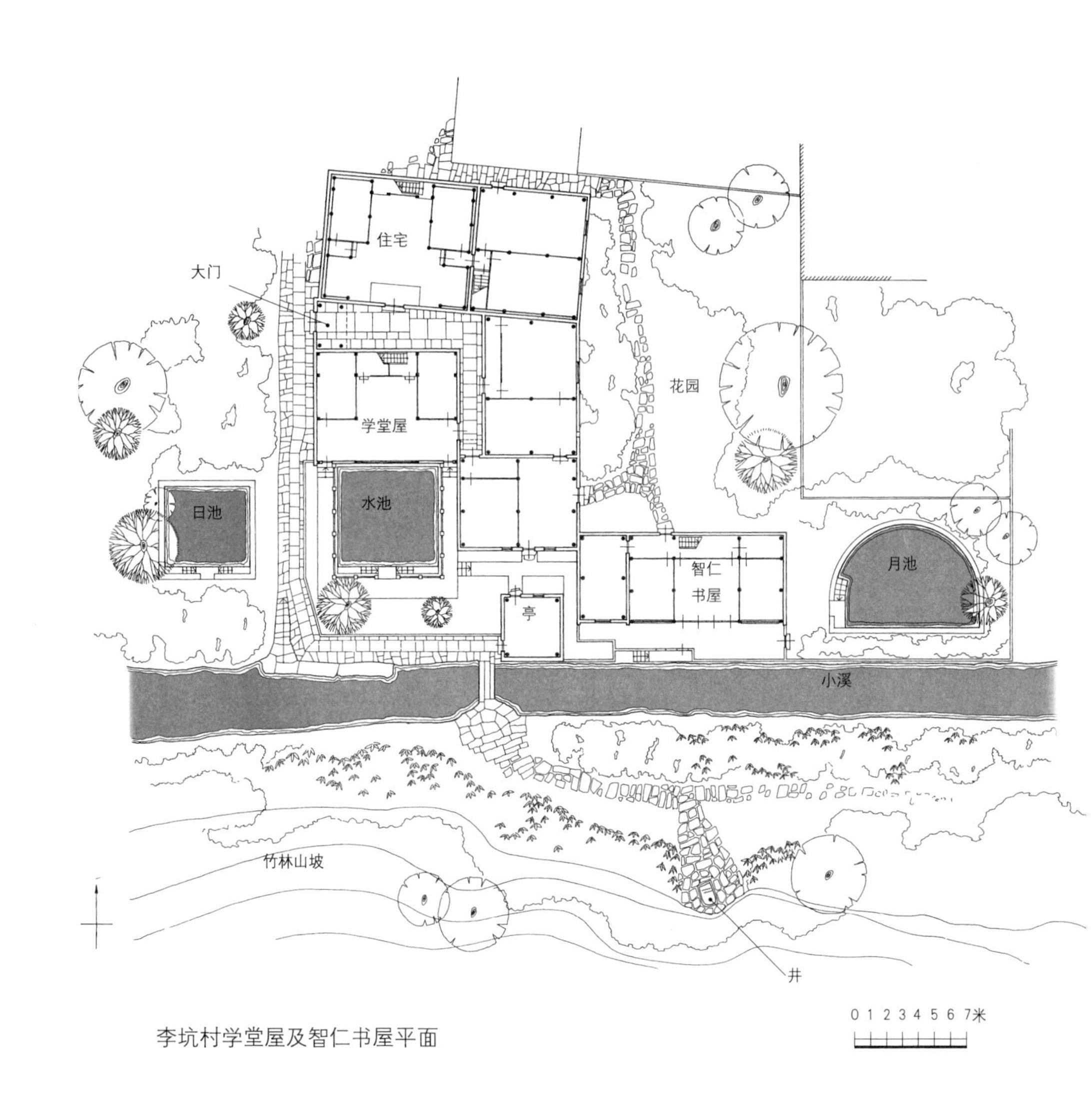

李坑村学堂屋及智仁书屋平面

我们结束了汪口村的第一阶段工作之后，转移到秋口乡，第二天雇了一辆三轮蹦蹦车，一大早来到了李坑村。接待我们的是村委会会计李义梅先生。草草初看了一遍村子，李先生带我们到了村委会办公室，拿出一张李坑村的旧地图。李先生当过地质队的测量员，这张图是他三十几年前亲自测绘的。图纸已经发黄变脆，字迹也褪得模糊了。这张图上，标记着过去李坑村的各种公共建筑物，包括大小宗祠12座、庙宇道观17座、桥亭路亭17座，还有文昌阁、文峰塔、公共园林、书院、私塾等。当然也有村村少不了的“十二景”。此外，还有“五桥、五碓、五碣”和“七星八斗”。碓是水碓，碣是提水坝，七星是七盏长明灯，八斗是八口水井。而这个李坑村，不傍大溪大路，虽然当年号称“千烟村”“婺源东门外第一村”，其实到现在还不过两百多户，不足一千人口。[1]

李义梅先生办公桌抽屉里有一小本《家谱》，是光绪年间李培璜的手抄本，内容零散不全，没有世系表，而且舛误不少。后面几篇记述清末人物行状的短文，密布绿色的修改。可以推测，这是为续修《家谱》所作的笔记和初稿，而当时旧谱已经残缺。虽然如此，它还是给了我们许多资料。

《家谱》中的《李氏源流志》把这一支李氏的一世祖“按惯例”定为唐代宗室京公（按：又称佯公）。京公为懿宗时人，避黄巢之乱来到徽州歙县，繁衍分支，到五世祖洞公才迁来李坑。谱载：

> 始迁祖洞公，字文瀚，名祁徽。生宋太祖开宝元年戊辰正月初七辰时。祥孚（符）庚戌自祁孚（浮）溪新田迁婺东塔子山，辛亥迁于理源双峰下，改理源为理田，有记于盘谷道院，构书屋课子。

可见理田早在1011年就成为李氏聚居地，有将近一千年的历史了。1949年以后，改名为李坑，缘由大约与理坑相同，都为了叫人忘记婺源与理学的深切关系。

盘谷道院，光绪《婺源县志》只记“在理田，李义建”，没有年代。但知李义为大中祥符五年（1012）进士，朝请大夫行殿中御史。洞公的儿子仁公，“遵父命构广思堂，改盘谷道院为盘谷书院”。南宋时又改为钟山书院，由宿儒李缯字嶶山主持。传说朱熹与缯交游，曾来讲过两次学，并为他写了墓志。书院坐落在村子西面的山上，俗名学堂山。

从始迁祖洞公以来，李坑村（理田）就一方面重视村落建设，一方面重视办学，作育人才。几百年里，这两方面都有相当好的成绩。据手抄本家谱，十一世祖侃公，“字和仲，宋元丰庚申（1080）二月十九治

① 1985年《婺源县地名志》载，186户，849人。

礼书，登大观己丑（1109）进士。遭内艰，志隐不出。尝题理田八景。于水口杨柳碣建桥，桥上创亭九间，至今称中书桥云。东山平处建阁，匾曰‘是阁高隐’”。乾隆《婺源县志》称，中书桥“宋中书舍人李侃建”。据《县志》，侃曾任翰林中书，封尚书左丞。侃父文简，是元祐三年戊辰（1088）进士，任翰林校书，改秘书正字，封尚书右丞。侃子十二世祖操公，是宣和辛丑（1121）进士，任通仕郎，著《守一集》。二十三世祖永通公，“一名孟通，年十五代父充粮长二十余年”。《巨十六永通公行略》说他：

> 壬申癸酉岁大祲，尽捐囷积以赈散贫民。又仿周官救荒之法，大兴工役，使饥者得藉手以度活。修呈冈岭桥、杨柳碣桥，缮葺古箭驿路未甦也。塔山旧桥崩颓，当驿路往来之冲，遇雨涨则更嗟艰涉，公轸念益殷，命工结砌石桥，盖巍亭三间，不计所费。夏月施义浆以甦渴旅，且即其地置田亩遗子孙，嘱世修葺毋坠。

这位永通公生于永乐，卒于成化，精通堪舆术。

我们在光绪《婺源县志》中查到几位手抄本《家谱》失载的李坑人物，他们的重要性不低于《家谱》残帙中的那几位。一位是李仁，天禧元年（1017）任征南前锋，以功封安南武毅大将军，加封光禄大夫。他的墓现在还可辨认。一位是北宋李曦，元符三年（1100）进士，未仕而隐居于去村四里的黄莲寺。《县志》说，这座寺“唐咸通敕建，宋熙宁间（1068—1077）理田进士李曦重建。[①]……宋禅师佛印云游憩此，写照留题云：‘汗衲染残云，知谁画得真。白头来古寺，清世宥闲人。水底松千尺，潭心月一轮。若言吾幻化，何处是吾身’”。再一位是南宋乾道二年（1166）武状元李知诚，是位儒将，授忠翊，改武经郎，转军抚

① 熙宁时曦尚未中进士。下文佛印事，恐也系附会。佛印为苏轼朋友，苏轼（1036—1101）在1056年中进士，佛印比曦年长许多。

司事。又一位是李芾，淳熙年（1174）知临安府，为人忠直，不谄事贾似道，被黜。元军取鄂州，勤王，乃复官，任湖南镇抚使兼潭州知州，抗元壮烈殉国，赠端明殿大学士，谥忠节。《宋史》有传。李坑村有忠观阁，是专为纪念他而建的。

明代科名不振，只有一位崇祯甲戌（1634）武科进士，四省副总兵李起，博通书史，精习骑射，守备宁谧，出征奇捷，史可法阁部褒赠他一方匾，亲题"甲洗天河"。这块匾原来挂在大宗祠里，大宗祠被拆后，拿去造牛棚，被李宝春[①]先生取回，悄悄藏在家中。李先生二十年来千方百计保护了这块匾，秘不告人，我们离开村子后，他才写信告诉我们。幸而秋季我们再去，见到了这块匾。上款是"赐进士总统川黔贵筸等营参将晋总兵李起"，下款是"内阁大学士史可法"。钤二印。

清代比较重要的人是同治十三年（1874）进士李昭炜，任翰林院庶吉士，授检讨。祖父、父亲、叔父和三个兄长都因他而得封赠。李昭炜家从曾祖起就是金陵巨商。父亲李綮有内阁中书等虚衔。村民们坚信，宣统皇帝登基，是李昭炜把他抱上龙椅的，这就和甲路村的人传说乾隆下江南时，曾在甲路读书的"隆兴太子"代理皇帝一百天同样有趣。明代末年抗清殉国的忠节之士，清代末年慷慨举义的排满革命家，何曾想到，山乡细民，根本就没有意识到满汉的种族畛域。

我们在一座明代住宅的漆黑的楼上，蛛封尘积的杂物堆里，发现了两块"回銮"高脚牌，红底金字，一块隐刻"即选县正堂"，另一块刻"景山官学教习"。其中一位是同治九年（1870）江南乡试举人李汝梅，一位是世代大木商的儿子。[②]

除了少数有功名的文武官宦之外，明清时期，李坑还有一些文士，能诗善文，饱读经书，有不少著作传世。也有一些精通琴棋书画，兼及医卜、星相和堪舆的。县志《文苑》《学林》中立传的很多。最特殊

---

① 李宝春，1921年出生。抗日战争时期在重庆华西大学读书。后来承家业经营茶号。20世纪80年代曾任乡人民代表。

② 李坑在宋代有九名进士，明代没有，清代有三名。

李坑村，右为大夫第（李玉祥 摄）

的是一位李之秀，“经书子史，过目成诵，补国学，授州同知。康熙甲寅，三藩僭逆，时大司农知其才，属董造战舰，刻期工成，专疏晋秩，力辞不拜”。但主流还是男子大量外出经商和做工。清末民初，外出的约占百分之八十，有在南京和苏州开木行的，主要是做茶叶出口生意。太平天国战争之前，婺源茶叶都从广州出口，运输路线由婺江入鄱阳湖，溯赣江而上，再由陆路过五岭抵广州。太平天国战争时期这条路线被阻，战后又逢上海开埠，婺茶改由上海出口，运输路线就与木材一样，由鄱阳湖入长江而下。李坑人在上海有茶行三家，此外还有其他行业的住商。木行和茶号雇用大量工人和经营管理人员，按例都是本村人。总数大约三四百人。李宝春先生的祖父李国熙（1867—1940）在广州的出口茶号“震兴隆”，是全婺源第二大茶号，在李坑拥有八个茶厂，总厂是一幢叫“大夫第”的大房子，其余七个分厂租用小宗祠，每年从旧历二月到十月。这些外出经商和做工的，积攒些钱回馈故里，除

李坑村智仁书屋沿溪

了造住宅外，也修宗庙、路、桥、亭、义仓、义冢、寺院、道观和其他公共建筑。李宝春先生的祖父在民国初年就捐资三千两银子重修文昌阁，在水口造了很大的公共园林。

一个山村，农业生产条件很差，交通又不便利，就这样依靠从科举进士的官宦人家，依靠外出经商谋生的人，一点一点地建造成了一个建筑类型很发达的村子。村子建成后，环境由宗祠负责管理，整齐而清洁。外出营生人的家属不事劳作，过着悠闲而富裕的生活。田地不多，出租或雇工耕作。

生活富裕而悠闲，年时节下很热闹。李坑村的傩舞在全县拔尖有名。农历新正舞狮，有两个狮会，各有一个庙。元宵灯节提铜锤灯，也有两个灯会。中秋舞龙，重阳看年景、兴灯。此外，四季都有祭祀。一年到头，颇不寂寞。街上有十几家商店，主要为茶叶生产服务，也为日常生活供应消费品。由于生活水平比较高，产生了李坑著名的月饼和馔肉。馔肉原名炙肉，《朱子语类》载：“婺源俗，岁暮二十六日，烹豕一只祭家先，……亦以炙肉及鱼佐之。”炙肉以出李坑者为最佳，现在已经失传。

由于20世纪40年代末50年代初的社会大变动，失去了外来的经济支援，本地又短于生计，消费性的李坑村一落千丈，和许多类似的大村落一样，突然成了穷村。我们在村妇女主任家吃饭，她告诉我们，直到现在，村里的姑娘千方百计要嫁出去，外村的姑娘不肯嫁过来。同时，宗族组织被打倒，村子的环境失去了管理。于是，李坑的建筑群渐渐败落，水口花园竟成了生产队的养牛场。

李义梅先生于20世纪50年代末从地质队退职回家，当时那些建筑物还在。他独自奔忙，于1961年完成了那幅测绘图，记录了近一千年的村落建设的总积累。从这个积累中，不但可以看到过去村落的富庶，也大致可以看到村民的文化生活，他们的礼俗、信仰、娱乐、读书等。

终于，“文化大革命”的灾难发生了。除住宅外，几乎所有的公共性质的建筑物全被破坏了。连李曦和李起的故居、李芾的忠观阁都没有幸免。西山上清代中叶建造的文峰塔，砖的，中央有个铁芯，非常坚固，“革命派”不辞辛苦，连续用炸药爆破了两次，终于把它毁灭。侥幸免于“革命”之难的一座小分祠，宏启堂，前几年被卖给收购旧木料的“鄱阳客”，拆掉运走了。

现在，李坑村只剩下四幢明代住宅，几十幢清代住宅，村中心还有一幢被改造得很简陋的申明亭。离村四里，田野中立着一座路亭，也是李坑村的，孤零零的。此外，我们再也找不到什么公共建筑的遗迹了。

依靠李义梅先生的图，我们发现，李坑村的格局按惯例很讲究风水。前引《永通公行略》里就说这位“大兴工役”的明代初年的先祖“精通堪舆”。光绪《婺源县志·方伎》里记载，元代李坑人李景溪，“凡修造选择捷应，有《阳宅秘诀》《雷霆心法》”。他是清代全国著名的风水大师。看来李坑村布局精于风水，并非偶然。[①]

李坑村的主体位于一个东西狭长的山谷里。山谷东端是个封闭的盆地，都是水田。两条小溪在盆地里发源，一向正西，叫上边溪，一由南侧西流转而偏西北，叫下边溪，两溪在李坑村中心汇合。堪舆术说，“水向西流必富”。两溪汇合后继续西流，出村大约百米，折而向北，进入一个小小的南北狭长的山谷。出谷之后再北流，大约四里外在太子山东侧注入秋口大溪。从两溪合流处往南，沿下边溪又有一道山谷，那里也有些房子，是李坑村的次要部分。

那条南北向的小山谷是李坑村的风水要地。它的北口是李坑村的水口，两侧狮、象山正东西向对峙。西侧的高，叫塔山，山上原有文峰塔；东侧的稍矮，叫阁山，山下是文昌阁，把住水口。阁高三层，飞檐翼角，雕梁画栋，内外挂满名人所赠联、匾。第三层窗开四面，便于远眺。阁面南，前有三亩莲花塘，四周点缀亭子、水榭、石栏、石桌、石凳，遍植佳木名花，成为全村的公共园林。文昌阁西侧就是古老的杨柳碣。这个小山谷的南端有李氏大宗祠，面东，也就是正对村子主体，因为它同时也在东西向那个主要山谷的西口上。文昌阁与李氏大宗祠一南一北正对，这条线再向南延长就正对学堂山的峰尖，这里曾经有过建于宋代的盘谷书院和钟山书院。文昌阁、文峰塔、书院，闭锁住水口，环绕着大宗祠，这个布局寄托着中国古代农业社会最基本的生活理想和最高的道德标准：耕读传家。

南北走的小山谷的东侧山麓，北有关帝庙，南有上狮庙；西侧，北有理田中社，南有下狮庙。上、下狮庙是舞狮子的会社的庙。[②]中社即社庙。除中社外，李坑还有孝义社和水南社。社庙祭祀社神，常被混同土地菩萨。社神的祭祀起于三国时期，宋以后普遍，分为春秋二祭，称春社、秋社。社祭时有庙会。嘉庆《婺源县志·风俗》：“俗重社祭礼，

---

① 现在没有李景溪为李坑村作风水规划的任何记载、证据，但李景溪既是当时全国闻名的大风水师，似乎不可能不对李坑村的规划布局有影响。

② 据光绪县志，道光、咸丰间人李满春，“造水口狮庙，不惜重赀，尤为乡党嘉美”。

团缔为会。社之日，击鼓迎神，祭而舞以乐之。祭必颁肉，群饮。语曰：社鼓鸣，春草生。秋祭亦如之。”社祭时众商云集，百艺杂陈、交易、娱乐，祈求五谷丰登、子息繁衍、生活平安。[①]这个小山谷里还有四座桥，两座亭，桥上也有亭。

“理田十二景”中有四个景在这个小山谷里。它们是“柳碣飞琼”（杨柳碣）、“天马钟灵”（塔山）、“仙桥毓秀”（新桥）和“锦屏西拱”（新桥山）。正对山谷南口的学堂山也是一景，叫“学山静读”。凡景都有诗。“锦屏西拱”诗有“一卷收藏道德经”句，可见山上原有道观。“天马钟灵”诗道：

> 昂然气概跃天衢，待驾仙人上玉枢。
> 雷响五更拟奋辔，风腾万丈绝尘驱。
> 当年河上龙呈式，此日山头龟御趋。
> 声价昔曾求骏骨，而今胜地有骊驹。

诗并不好，气息也不是田园的，想见当年村中书生们，还是借塔山的形势抒发了科举进仕、登天子之堂的理想。

从南北小山谷转向东西大山谷的拐角上，李氏大宗祠造于明代万历年间，先进彻底平毁。从图上看，大约也是包括大门、享堂和寝室三部分。纪念抗元先烈李芾的忠观阁就在它大门的左前角。李宝春先生写道：“正堂有匾曰‘伦彝攸叙’。主联为：‘读何愧士，耕可明农，奕世清风，宗祧万年绵似水；义不忘君，孝能从父，满门正气，纲常千古重如山。’自唐、宋、明、清，各朝开第、开榜匾额，前后遍满。其中宦绩匾如‘昭代钜卿’‘翊运联宪’‘甲洗天河’‘佑我后人’等。开榜匾有‘钦点状元’‘父子进士’‘祖孙翰林’等。大祠前院内左右并建有正义祠、节孝祠、烈女祠。”据手抄本家谱，正义祠是纪念元末村贤李德玄的。那时，群雄蜂起，朱元璋还没有得势，据有徽州的汪同“慕公

① 有些地区，社庙由乡董管理，渐渐演变成农村地域性的行政机构，负责地方事务。

声望，欲招致之不能得，又来求婚以迫胁之。公执义不屈，遂遇害。女亦死焉。……其族人亦皆抗义自树，以公为归，立祠于祖庙之东偏特祀之。其族人至今不与汪氏通婚媾”。这篇《正义祠祀》是嘉靖丙辰（1796）乡贡进士承德郎福建建宁府通判潘滋撰写的，则祠至晚建于嘉靖年间，显然是为了讨好朱家朝廷的。李宝春先生记得正义祠的楹联是：“生逢淑季养晦以待天下之清；身任纲常舍生以求吾身之是。”烈女祠祀殉节之李韫珠。

李坑的这个南北向小山谷，作为全村的总入口，是一个“忠、孝、节、义”的大教堂，它布局的严谨，空间的宏廓，建筑的壮丽，确实是极其少见的。但是，在“文化大革命”中，整个这个南北小山谷被彻底破坏，真正做到了“片瓦不留”，包括南端的李氏大宗祠。

李坑的农田大多在东面盆地里。我们冒大雨踩着烂泥去看，青山四合，中间平畴漠漠，上边溪和下边溪的源头灌溉着它，很像洪村的南坑。极东有两个山峰，始迁祖洞公来的时候，就是“卜居于双峰之下”。李氏大宗祠在山谷的西端遥遥对着它，它可能是风水上的朝山。“理田十二景”，第一景就是“双峰耸翠”（双峰尖），诗是这样写的：

> 东望层峦秀气浓，豸山流荫列双峰，
> 烟笼雾锁仙人室，雨施云行玉女踪。
> 黛色凝苍形叠叠，岚光耸翠影重重，
> 夸娥劈山摩星斗，任是金针不得缝。

诗多少有点“仙气”“隐逸气”，和塔山的“天马钟灵”的庙堂气对照，正好看到中国封建文人的进退出处两面俱到的心理。

双峰的北侧是“断头尖”，一座平顶的山。它也是“十二景”之一，叫“华盖东呈”，正和“锦屏西拱”相对。

整个东端盆地和西面的水口小山谷，形势也是相对的，村落的主体就在它们之间。

村子的中心在上边溪和下边溪的汇流处，这里是“十二景”之一的“双涧流清”。合流口下游几步，南北向有一道跨度约为五米的石拱桥。桥东面龙门石上刻“通济桥”三字，西面的龙门石上刻着“乾隆丙寅永公支孙重修”。光绪《婺源县志》上有记载。乾隆丙寅为1746年，这桥有250年的历史了。桥北偏西有一座大约五米见方的跨街亭子，叫申明亭[①]。这是现在全村仅存的一座公共建筑物了。它重檐两层，上层是悬山顶，下层四坡而不起翼角。李义梅先生说，本来是重檐攒尖顶，上下檐都有翼角高挑，“文化大革命”时虽然留下了亭子，却把屋顶改掉了，因为起翘的屋角被认为是“封建四旧”。亭的结构、构造和构件，一如清华镇的彩虹桥，极其干净利落，明快有力。亭虽小，但亭内两侧沿柱子架栏杆凳。亭前后是个小小广场。亭东有胡老爷庙。胡老爷庙，县城和洪村等地多有，是祀奉一位南宋时的异人的。他原是屠户，但能卜凶吉，有灵验。元时曾封灵应王。但李义梅先生另有一说：胡老即张飞，张飞是屠户的老祖。亭侧还有一盏长明灯，是“七星”之一。现在庙和灯都已经没有，桥、亭和广场依然是李坑村民唯一的交往中心，整天都有人逗留。我们初到的那天，没有下雨，薄云淡日，平缓的桥阶上坐着几位老人下棋，旁边站着几位看棋的，神清气闲，十分潇洒。亭子里面则坐着几位老太太聊天。第二天下大雨，老人们挤到亭子里下棋看棋，老太太们避开不见了，一些孩子在老人缝里钻进钻出。

申明亭向东140米左右，原来有一组建筑物，包括村头亭、道观、玉皇殿和观音堂，还有一盏长明灯和一口井。这里是村子的东口，往外就是田野了。“十二景”之一的“道院钟鸣”就在这里。从村东口到申

① 以“申明”为名的亭子，许多村子都有，县城内也有。道光《徽州府志》说：申明亭，“凡民有作奸犯科者，书其罪，揭于亭中，以寓惩恶”。这是它的功能。相对的另有一种“旌善亭”，比较少，本村没有。

明亭，东西道路北侧是个大住宅区，叫上村坞。有七条南北巷子。上村坞里至少曾有李氏七座分祠、五座庙，东口南侧有一幢“学堂屋”，申明亭东北侧有一幢李裕春宅（原李汝梅宅），都是明代旧构，现在还好，所以，可以推断，上村坞是李坑村的老区。它的北面，背后，有一条从水口的阁山向东延伸两里的山，屏障全村，叫后龙山，也就是少祖山，是“十二景”之一的“金峰北峙”。上村坞的南面，上边溪对岸，是一座不高的独山，叫“小孤尖”，是“十二景”之一的“玉几南横”，显然是案山。上村坞的风水格局也是完整的。“玉几南横”诗尾联“何年举去安廊庙，御手凭君写太平”，看来这小孤尖又是文笔峰。从宗祠东望，小孤尖正好耸立在出村的溪流之上。

通济桥南，下边溪西，也有一片整齐的住宅区，叫铜绿坊，有两条东西巷子，一条南北巷子，十来幢房子。这一区现存李银树宅、李礼渔和李玉勇宅两幢明代住宅，其余房子也规制严谨、质量高，过去并有一座分祠，叫“六房祠”。而且它所有房子都朝东，面对小孤尖，背后遥倚学堂山，风水格局也很完整。所以，可以推断，这铜绿坊也是李坑村的一个老区。①

从铜绿坊前循下边溪向东南走130米左右，又有一个住宅区，跨在溪两岸，叫下村坞。二十来幢房子，溪东、北部分布局比较乱，虽然在小孤尖正南，却不取势，朝向不定。这大概是因为“李”为征音，征属火，北方主水，水克火，所以征家门不宜朝北。②溪西南部分则比较整齐，北段的面向小孤尖，有两座庙和一座“翰林院”，大约也比较老。

这座小孤尖在李坑村的结构中起着重要的轴心作用。但因它是火形山，所以以它为案山的住宅区都与小孤尖隔一条溪。

申明亭以西，溪北岸的路北，有一溜房子，总长大约130米。其中最大的一座房子叫“大夫第”，造于清代末年。它后面有一座沐林公

---

① 此区有分祠名六房祠。疑“绿坊”为“六房”之讹，“铜”或又是另一同音字。

② 东汉王充在《论衡·诘术》中说：“图宅术曰：商家门不宜南向，征家门不宜北向。……征火，北方水也，水胜火。”

祠，是房派将分未分之前的“私祭厅”（或为“私己厅”）。这一部分大约形成得比较晚，不成格局。申明亭以东，上边溪南岸，沿岸没有路，却断断续续有些房子贴岸而建，家家在门口搭一块桥板过溪。这些房子现在是住宅，但当年曾是商店，板门和柜台还看得出来。它们显然造得最晚。由这些小房再往东，溪南有几座住宅是比较老的。

上边溪在村的东端有个缓缓的转折。溪从东来，沿山根西流，在东村口村头亭以南三十多米向西北流，遇正街后再顺街西流到村中心。当它在南边将要向西北转的时候，南岸山脚下有一眼小小的泉水池，砌着整齐的青石板，叫“蕉泉”，四季不涸。“十二景”之一“蕉泉浸月”首联是“吾乡仙泽异常流，灵物深藏此地幽”，村人以为灵异。夏季水凉，多来汲饮，相信可以疗疾。

“锦屏西拱”对“华盖东呈”，“金峰北峙”对“玉几南横”，李坑村的风水闭合很好。水口山谷与东端盆地对应。村子结构以小孤尖为轴心。村中心两水相激，本来不利，但用通济桥锁住，用申明亭镇住，也就禳解了。看来，李坑村的建设史中，阴阳家是起了大作用的。

在阴阳家背后，对村子的建设和管理起强有力的作用的，是宗族。没有一个统一的权威，建设不会这样井然有序，而且保持数百年之久。除了风水外，“五碓、五碣、七星、八斗”这些水利和公益设施，当然也要由宗族，或者说“祠下”，来主持建设和管理。

李义梅先生带我们考察了全部四幢明代旧宅。从形制看，它们并没有显著的特点。只是都没有前院，附属建筑面积比较小。但在一些做法和风格上，它们的特点很显著。就像我们在延村和理坑见到的一样，它们的天井里沿正座和两厢有“ㄇ”形的相当深的明沟，显见当年没有檐溜天沟；它们楼上和楼下的高度相近，而不是下高上低，相差悬殊；厢房和正屋之间没有“退步”；槅扇很朴素，格心用横直棂子，没有雕饰。我们在李裕春宅的楼上见到竹篾编的“护净”，编织方式像斗笠，六角形格眼。李坑的这几幢宅院，还另有几个特点：一是堂屋地面墁方砖，当地称作“金砖铺地”，不像后来的用木地板或青石板。二是间壁用竹笆抹灰，而不用樘板。有几爿间壁虽然改成了木板，但梁架及门头上方补空仍留着竹笆抹灰。三是大木构件粗大，也没有雕饰，全面素净。四是采用木柱础，而不像后来的一律用石础。

不过，要判定一座房子的年代，还是要综合考虑，不能只根据一两个特征。而且建筑样式风格，也不会随朝代改元而立即变化，所以用朝代来表示建筑的年限，更加不易确定。这四幢住宅里有三幢，具备多种特征，大致可以同意当地的传统，认定为明代的，另一幢存疑。

这四幢住宅中，最富有情趣的是我们存疑的村东南犄角上的“学堂屋”，它正好与“蕉泉”隔溪相对。“学堂屋”有三个主要部分：一是最南端的老屋，前面有花园，有池塘；二是老屋东侧的学堂花厅；三是老屋后面的三间两搭厢的新屋。新屋之前，老屋之后，有一个院落，院门在西。进院门，左手便是新屋正门，右前方拐弯一条夹弄通老屋东门，另一侧是学堂。另外还有柴舍等附属房子。手抄本《家谱》说：

> 三十七世祖，例授修职郎，晋授儒林郎，候选光禄寺署正，讳文富公，字架书，号玉堂。精茶业，贾粤东，家渐饶裕，置田百数十亩，构蕉泉巷屋数间，又上边坞学堂屋及各柴舍。晚年退休，治园塘以怡雅趣。工医道，活人济世。……生嘉庆丁巳年十二月，殁同治戊辰七月。

嘉庆丁巳即1797年，上距明亡已经一百五十多年，抄本中又有另一则记载，说学堂屋是文富公父亲天钧公造的。即使如此，也不可能造于明代。李义梅先生说，文富公或天钧公造的“蕉泉巷屋数间”，是后面那一幢新屋，旧屋是买来的，至于“治园塘”，不论是新造还是整修，都与房屋无涉。宗谱和地方志，常常行文模糊不清，而且喜欢夸大传主的作为，以致造成混乱、错讹，确乎不可尽信。我们细看老屋，风格质朴，底层不高，近乎明构。但用料很细小，又不似明构。所以我们只好存疑。

老学堂屋是一座园林式的建筑物。只有三间正房，两层，尺度偏小，有前廊，但前檐柱间全作通间槛窗。窗外是一方水池，砌石，围以石栏。绕池卵石拼花小径，小径外侧为花坛，花木扶疏，有一棵紫荆树，十几米高，确实是年代久远了。这园子的南墙外便是上边溪向西北偏转处，溪对岸山坡上满覆竹林，真个是龙吟细细，凤尾森森。现今的住户说，这房子本来是一座读书的轩，后面的新屋才是住宅。

老屋的西墙外，石路另一侧有一口方形水池，条石砌成，有排水石栅。老屋东侧原是个很大的花园，现在种着菜，在它的东半，又有一口半圆形的水池，也是条石砌的，有石栅。这两口水池，显然是"日月池"。但日、月的位置左右颠倒，以致成了一个"明"字，不知是不是有所隐喻。

月池和老屋之间，大花园的西南角，现在用破板烂草乱七八糟地拦着粪坑、猪圈和废物堆。我们在对面的山坡上，看见它们前面还有三间花厅，两层楼的，楼前有小小的庭院。于是，我们再度钻进漆黑的猪圈，屏住呼吸，踩在猪身上摸索，终于摸到了一道门。拔去门闩，搬开散了架的门扇，一脚踏进了花厅。

尽管早已废弃，挂满了蜘蛛网，积满了尘土，房子东倒西歪，残破不堪，但它过去的典雅、素净和精致，还是闪出动人的光彩。三间通敞的花厅，南面全是玲珑的槅扇，明间八扇，次间六扇。格心并不花巧，没有繁缛的雕刻，只是疏棂细细，在淡淡天光的映照下，勾画出轻盈的图案，像幻觉似的空灵。小小的前庭，用卵石嵌成席纹地面，经连日春雨润洗，干净光亮，露出千变万化的颜色。石缝里，嫩草探出纤叶，卵石镶上窄窄的绿边，一圈一圈描画得鲜明。前庭东端有一个拱门，门外参天的老树，枝丫低低伸了过来。树叶上雨声沙沙，随青光洒满前庭，又洒满花厅。

我们顺太师壁后摇摇晃晃的楼梯，踏着断板，到了楼上。楼上明间前檐敞开，抚槛南望，扑面苍翠的楠竹，在雨中微微摆动成波浪。"蕉泉"在绿荫下闪着亮光。房间里堆满杂物，发出刺鼻的霉气。我们稍稍翻了一翻，有瓷器、漆器、藤器、篾器，还有细木器和棕丝器。翻过一块木板，竟是一块匾，赶紧用手帕接了檐头滴水，把匾擦了一擦，白漆底上见“智仁书屋”四个黑字，没有上下款识。我们想起手抄本《家谱》里说，文富公构屋的时候，有“上边坞学堂屋”一座。花厅南墙外流着上边溪，智仁书屋很可能就是上边坞学堂。[①]

其余三幢明代住宅都还住着人，同样残破。雕得饱满又刚劲的莲花形木柱础，被当作劈柴剁菜的砧板，一身刀疤斧痕，严重缺损。我们看得伤心，无可奈何。

李坑村清代以后的住宅与其他村子的相差无几。铜绿坊的一幢清代两进大屋，后进三间晒楼的左右两间地板有一米左右高的夹层，作为谷仓，楼板上有活盖。这是我们在婺源见到的唯一的一处。有几家前院里的待客花厅很精致。

我们到下村坞找到同治进士李昭炜的“翰林院”。“翰林院”在路边，外墙早已拆掉。现存的房子与路成直角，三开间，两层，前面有一个方方的水池。正屋前檐全是槅扇，装在檐柱间，因此内部很轩敞豁亮。建筑风格倒还朴素，并不雕梁画栋。李宝春先生说，里面原先挂着李鸿章书赠的匾额和楹联。联曰：“大文章毫无烟火气；真人品直比圣贤心。”现住的几家住户，以为我们是来拆屋收购旧木料的，很高兴了一下，但很快又扫兴了。承他们告诉，“翰林院”本来在一个很大的花园里，是书斋。它的右侧大屋是住宅本体。现在大屋已经被分了出去，破败了，只在翰林院前还有几棵大树。这“翰林院”教我们想起了理坑村那三座比较大的临池敞轩，也造在花园里的。

从“翰林院”又到“大夫第”。现由村民委员会占用。它是一座四合头。西侧有跨院，是“客馆”，前后都只有一间，当中隔一个天井。后进是三层的，顶层是书斋。前进两层，楼上向河街挑出，设一排槅

① 《县志》里提到过塾师“甘泉先生”，或许与这座学堂有关，因墙外即著名的“蕉泉”。又：李宝春先生说学堂屋为清代儒商李文富建，肯定了手抄本《家谱》的记载。

扇。江南的住宅都是封闭的，偶然有一个外向的局部，特别诱人注意，所以常常被称为“小姐绣楼”。小姐未必能到这儿来，李宝春先生童年时倒是曾在这里看灯会。这房子的特点是开间宽，虽然不过是四合头，但面积比普通住宅大。这“大夫第”的构造做法很考究。除了精致的槅扇和雕饰外，屋瓦都用挂釉的缸瓦，檐溜天沟和落水管都用锡皮制作。据说，屋内下水道有两尺多宽，用桐油石灰胶缝；墙脚打下一丈多长的桩；外墙面是用糯米汁调熟石灰抹的，非常耐久。

李宝春先生写的材料说，原屋主做广东茶（即从广州出口茶叶）发了财，于清咸丰年间输财捐官为州同知，并获准建“大夫第”。[1]这“大夫第”是仿官厅格式造的，所以大。后来子孙败落，于民国初年以八百两纹银转卖给李先生的祖父。他祖父用它作震兴隆精制茶号的“总厂”，就是挑选茶叶的作坊，叫“捡场”。20世纪50年代初社会发生大变动，被籍没充公。

“大夫第”和“翰林院”都企图突破沿袭了几百年的住宅形制。改进的方向也很明确，一是放大尺度，使内部空间更通畅，二是增加采光，使内部空间更明亮；都是针对着旧住宅的一部分缺点。但这两幢房子都过分着眼于“官”派，改进了“厅”，没有改进“室”，造成了房子空间结构中厅室关系失调，削弱了住宅的私密性和亲切感。不过，它们毕竟表达了一种改进的愿望，做了一种改进的尝试。

“大夫第”的青砖门头比较简洁，没有满铺的浅雕底子和同时期徽州门头的开光盒子之类。几个主题性雕刻比较高，尺度比较大。李宝春先生说，这个青砖门头是从广州运来的。这幢房子的原建人也做广州出口茶生意，跑赣江的木船承载能力是六七千斤，回程不能空放，总要带些回头货。当时流行从广东带砖门头返回。因此，不但“大夫第”采用广东门头，李坑和秋口一带许多村里都用。

在封建的农业社会里，建筑文化圈和工匠流派的形成是密切不可分

① 李昭炜的父亲和两位兄长都恩封奉政大夫，不过是在同治年间，不知是否即这“大夫第”的旧主，李宝春先生记错了年代。

的，它们的地域性很强。广东砖雕的商品化，广东和婺源因为交通条件而形成的贸易关系，稍稍突破了一点婺源建筑文化的地域封闭性，这很有意义。

赣江经鄱阳湖往下就是长江水系。太平天国战争之后，婺源的木、茶生意转向上海。我们前几天在延村见到的青砖门头，也与徽属其他五邑的不同，而有苏州的风味，不知道当时是曾请苏州的匠师过来，还是买了苏州的砖门头，或者是本地匠师吸收了苏州的做法。

离开李坑那天，南昌师范学校美术系的学生，在教师带领下来写生。雨下得很大，小姑娘们躲在申明亭里，躲在小杂货摊的檐下和农民的堂屋前，往画面上涂着灰暗的颜色。她们可曾想到，这村子原来曾经那么辉煌，那么漂亮。如果她们像我们一样，秋天再来一次，见到阳光下金黄的田野，见到深蓝色的小溪映照着浣衣女灿烂的花衫、弯弯的一带粉墙黛瓦的房舍和一道道长满薜荔的石板桥，偶然有鸭群游过，划破如镜的水面，明亮的光和缤纷的色一起颤动，一起闪烁，一起变幻，那时她们才会真正懂得什么叫“流光溢彩”，就会不吝惜调色盘里鲜艳的颜料。原来这村子虽然已经没落破败，却还能展现出如此迷人的美。

我们缓缓经过西北角的小山谷，透过雨帘，一一辨认当年的塔、阁、寺、亭的遗址，追思豪放的狮子舞和提灯会，心中无限悲凉。新生活的建设，似乎无须付出这么沉重的代价。路上一座座简简单单的村庄，好像都可能有过色彩斑斓的历史。明末婺源理坑村名宦余懋学的好朋友、大戏剧家汤显祖，在《南柯记》里描写槐安国的治绩：“只见青山浓翠，绿水渊环，草树光辉，鸟兽肥润。但有人家所在，园池整洁，檐宇森齐。”槐安国是他的理想国，“何止苟美苟完，且是兴仁兴让”。他抹杀了一切矛盾、贫穷和落后，但他在徽州游历的时候，怕真是见到过太多整洁的园池和整齐的房宇了罢。

我们真该重新认识我们农村的文明史了。

后记

我们在婺源县的工作，得到县文化局金邦杰、胡彧两位先生的热情帮助。他们给我们提供线索、复制资料，这些都是他们多年辛苦工作的成果。金先生调查婺源文物的时候，公路还很少，汽车更少，常常是一只包裹，一把雨伞，翻山越岭，整天跋涉在道路上。我们在婺源调研的村落，都是金先生建议的。他给了我们无私的帮助。

我们所调研的十几个村落，分布在婺源的北乡、东乡和西乡，范围远远大于楠溪江中游。而婺源的交通却很不方便。我们从浙江乘车到婺源，过了“十八跳”，下到山脚，水泥路面像刀切一样断了，水泥路面结束之处，就是浙江和江西两省的交界线。以后就是布满了坑洼和泥泞的土路，汽车蹦蹦跳跳，一会儿熄火，一会儿又爬不动了。

到了婺源，下乡去，多数道路就是这样，江西省自产的三轮蹦蹦车，乘七八个人，东倒西歪，一陷进烂泥塘，要下来推。有好几次，眼看就要颠覆，不知为什么竟幸免于难。

先后去了婺源四次。两次人数多、时间长、工作规模大的，都在春天雨季。虽说云绕雾遮，一派米芾山水风光，清绝、幽绝，但工作起来却很不方便。摄影难，测绘更难。图稿被雨水溅湿，会漫漶一片。不小心脚下烂泥一滑跌了跤，就前功尽弃。满地青苔，架梯子登高尤其危险，曾有一位女学生随梯子摔了下来，幸亏没有伤着。梯子

游山村文昌阁

断了，赔了几个钱。学生们脑子活，办法多，在黄村测绘百柱厅的时候，把打谷的稻桶竖起来搭了一个窝棚，挺管用。不过，工作效率毕竟打了折扣，有些本来应该做到的，比如，在平面图上绘出一幢房子的左右前后的环境、路面地面的铺装等，就不一定都能做到。有一些可以在秋季找补，有一些只好留着缺憾了。我们再三考虑过，是花工夫补得更完美些好，还是用那些人力去开辟新的课题好。结论是，去开辟新课题更好。因为乡土建筑正在以极快的速度消失，我们不能旷日持久地精雕细刻。

我们在楠溪江，在新叶村和诸葛村工作的时候，都发生过这样的情况：有一些很有价值的建筑，在我们赶去前三两天烧掉了，或者在我们离开后三两天倒塌了。这次在婺源的思溪村，我们见到了一座很有趣的住宅，福建省的电视台借它拍过连续剧《聊斋》。当时我们只草草画了一个平面图。两个月之后，我们去正式测绘，不幸，房主人过世了，双扉紧闭，贴一张“谢绝参观”的白纸条。连县文化局的人都没有办法叫开大门。望着高高的马头墙，我们怅然若失！

“慢工出细活”是经验之谈，我们很愿意做出一些细活来，经得起人家琢磨推敲，成为传世之作。但我们不能“慢”，历史不允许我们慢。

这次的工作人员是：陈志华负责工作的整体设计，撰写了前言、后记和第一部分的文字；楼庆西主持延村的测绘；李秋香负责撰写第二部分文字（清华大学出版社2010年版，因版权要求本版删除。），主持学生测绘婺源其余9个村落，修改并绘制部分图纸及编辑工作。摄影由3人共同负责。参加工作的学生有：姜涌、唐晓涛、何可人、高茜、李义波、柳澎、夏非、耿沛、江斌、李铁鹰、吴玉晖、苏开彦、张民。研究生吕彪也参加了工作。赖德霖老师指导过测绘。

《婺源乡土建筑研究》一书1998年6月在台湾出版，大陆学者始终未能见到此书。11年后的今天，我们筹集了部分资金决定在大陆出版这本书，以飨大陆读者。由于当年交付给台湾某出版社的所有资料，对方均不予返还，于是我们重走婺源，由李秋香对古村落逐一重新拍摄并进行回访。11年来的婺源变化很大，老村周边甚至村落中间建起许多新房，当然也有不少原有的老建筑倒塌成为空地。旅游业的发展直接影响到了村落建筑和景观，例如到处悬挂着大红灯笼。为了拍摄古老的环境和建筑，我们尽可能避开那些现代因素的影响，贴近传统，展现朴实的婺源。这次《婺源》在大陆出版，文字稍有改动，更换了大量照片。陈志华负责工作的整体设计和文稿的修订，李秋香负责拍摄照片及本书的编辑。